游戏AI
程序设计实战

王磊◎编著

人民邮电出版社

北京

图书在版编目（CIP）数据

游戏AI程序设计实战 / 王磊编著. -- 北京 : 人民
邮电出版社，2019.4
ISBN 978-7-115-50004-5

Ⅰ. ①游… Ⅱ. ①王… Ⅲ. ①游戏程序－程序设计
Ⅳ. ①TP317.6

中国版本图书馆CIP数据核字(2018)第248219号

内 容 提 要

本书以实战的方式讲解 AI 在游戏开发中的应用，书中主要内容包括：AI 的基本概念、游戏中常用的寻路算法、Unity 的基本知识、有限状态机、行为树、AI 插件 Behavior Designer、遗传算法、足球 AI 的实现、游戏 AI 设计的扩展技术等。本书适合游戏开发者、程序员阅读。

- ◆ 编　著　王　磊
  责任编辑　谢晓芳
  责任印制　焦志炜
- ◆ 人民邮电出版社出版发行　北京市丰台区成寿寺路 11 号
  邮编　100164　电子邮件　315@ptpress.com.cn
  网址　http://www.ptpress.com.cn
  北京七彩京通数码快印有限公司印刷
- ◆ 开本：800×1000　1/16
  印张：12.75　　　　　　　　　　2019 年 4 月第 1 版
  字数：303 千字　　　　　　2025 年 2 月北京第 14 次印刷

定价：59.00 元

读者服务热线：(010)81055410　印装质量热线：(010)81055316
反盗版热线：(010)81055315

前　　言

本书从是什么、为什么、怎么做这 3 个方面介绍游戏 AI 程序的设计。本书旨在让广大游戏从业者能够快速了解什么是 AI，为什么 AI 在游戏中必不可少，以及如何通过程序实现这些复杂的 AI。具体内容如下。

前 3 章主要介绍游戏 AI 存在的意义和简单的寻路算法。第 4 章与第 5 章主要介绍游戏 AI 中常用的程序设计思路：状态机和行为树。为了便于读者理解，示例由浅入深。第 6 章介绍 Unity 游戏开发中常用的 AI 辅助插件。第 7 章介绍机器学习算法。第 8 章通过一个简单的游戏 AI 项目的完整实现，展示游戏 AI 的设计思路和实现技术。第 9 章介绍游戏 AI 开发中一些必备的知识点。最后一章介绍如何在游戏 AI 开发中提升自己。

本书没有详细地讲解理论知识，主要讨论游戏项目的 AI 实现技术。希望读者通过本书可以了解游戏的 AI 技术，并快速应用到实际项目中，或通过本书的启发，自己设计出想要的游戏 AI。

本书提到的 Unity 示例代码都已开源，读者可以在 GitHub 网站里面查找"onelei"用户，然后使用"Game-AI-Programming-Book"关键字搜索源代码。为便于读者查阅，示例代码在 GitHub 网站上面都是按照章号分类的。

在写作本书的过程中，作者得到许多朋友的帮助，在此表示感谢。同时，感谢人民邮电出版社编辑张涛的细心指导！

由于本人的知识水平有限，书中难免存在错误和遗漏，欢迎读者批评指正，邮箱地址为 ahleiwolong@163.com。

王　磊

资源与支持

本书由异步社区出品，社区（https://www.epubit.com/）为您提供相关资源和后续服务。

配套资源

本书配套资源包括书中示例的源代码。

要获得以上配套资源，请在异步社区本书页面中单击 配套资源 ，跳转到下载界面，按提示进行操作即可。注意，为保证购书读者的权益，该操作会给出相关提示，要求输入提取码进行验证。

如果您是教师，希望获得教学配套资源，请在社区本书页面中直接联系本书的责任编辑。

提交勘误

作者和编辑尽最大努力来确保书中内容的准确性，但难免会存在疏漏。欢迎您将发现的问题反馈给我们，帮助我们提升图书的质量。

当您发现错误时，请登录异步社区，按书名搜索，进入本书页面，单击"提交勘误"，输入勘误信息，单击"提交"按钮即可。本书的作者和编辑会对您提交的勘误进行审核，确认并接受后，您将获赠异步社区的 100 积分。积分可用于在异步社区兑换优惠券、样书或奖品。

扫码关注本书

扫描下方二维码，您将会在异步社区微信服务号中看到本书信息及相关的服务提示。

与我们联系

我们的联系邮箱是 contact@epubit.com.cn。

如果您对本书有任何疑问或建议，请您发邮件给我们，并请在邮件标题中注明本书书名，以便我们更高效地做出反馈。

如果您有兴趣出版图书、录制教学视频，或者参与图书翻译、技术审校等工作，可以发邮件给我们；有意出版图书的作者也可以到异步社区在线提交投稿（直接访问 www.epubit.com/selfpublish/submission 即可）。

如果您是学校、培训机构或企业，想批量购买本书或异步社区出版的其他图书，也可以发邮件给我们。

如果您在网上发现有针对异步社区出品图书的各种形式的盗版行为，包括对图书全部或部分内容的非授权传播，请您将怀疑有侵权行为的链接发邮件给我们。您的这一举动是对作者权益的保护，也是我们持续为您提供有价值的内容的动力之源。

关于异步社区和异步图书

"**异步社区**"是人民邮电出版社旗下 IT 专业图书社区，致力于出版精品 IT 技术图书和相关学习产品，为作译者提供优质出版服务。异步社区创办于 2015 年 8 月，提供大量精品 IT 技术图书和电子书，以及高品质技术文章和视频课程。更多详情请访问异步社区官网 https://www.epubit.com。

"**异步图书**"是由异步社区编辑团队策划出版的精品 IT 专业图书的品牌，依托于人民邮电出版社近 30 年的计算机图书出版积累和专业编辑团队，相关图书在封面上印有异步图书的 LOGO。异步图书的出版领域包括软件开发、大数据、AI、测试、前端、网络技术等。

异步社区　　　　　　　　　　微信服务号

目　　录

第1章　游戏 AI 概述

1.1　AI 是什么

　　AI 的英文全称为 Artificial Intelligence，中文翻译为人工智能。提及 AI，最让人印象深刻的就是前一段时间热门的 AlphaGo。它是由谷歌（Google）旗下 DeepMind 公司戴密斯·哈萨比斯领衔的团队开发的一个围棋算法。在 AlphaGo 战胜围棋世界排名第一的柯洁之后，一时间"人工智能是否将取代人类"的新闻报道铺天盖地。其实 AI 并不像人们想象的那样深不可测，毕竟是人类开发出了这个程序。在有些方面，人类比不过 AI 是很正常的事。就好比让你和火车赛跑，你肯定跑不过火车。计算一个很长的数学公式，人类可能要花几分钟，但是计算机可以瞬间得出结果。AI 说到底其实就是一个程序。像我们平时玩的 QQ 象棋里面的闯关模式就包含了 AI，如图 1-1 所示。

　　中国象棋的 AI 其实很复杂，因为每一个棋子的每次移动都需要考虑自身是否安全，需要判断对手是否会在后面几步就战胜自己，同时也需要设计思路战胜对手。

▲图 1-1　QQ 象棋的闯关模式截图

1.2　为什么在游戏里使用 AI

　　在实际应用中，AI 可以大大简化人类的工作，将人类从繁重的体力劳动中解脱出来，从而进行更高层次的工作。例如，自动收捡快递的机器人中就有 AI 的应用。在游戏中，我们为什么需要 AI 呢？在我们玩游戏的时候，经常会遇到很多"小怪"，它们在场景中走来走去，一旦敌人靠近，它们就会主动出击，这其实就是 AI。通过提高游戏中非玩家控制角色（Non-Player Character）的智能水平，让它们看起来很"聪明"，这样玩家才会在玩游戏的过程中觉得有趣和富有成就感。"看吧，它们很聪明，但是我还是把它们打败了。"有了这样的心理暗示后，玩家就会获得成就感和满足感，这就是游戏的乐趣。

　　几乎每一款游戏都应用 AI，只不过有的 AI 很简单，以至于用户不会注意到 AI 的存在。例如，《纪念碑谷》游戏里面的主人公艾达在移动的过程中，如果靠近乌鸦，乌鸦就会叫，这个就是简单的 AI。还有近期很热门的《王者荣耀》游戏，就应用了相对复杂一些的 AI：当敌方的"超级兵"在移动的时候，如果玩家控制的角色靠近，"超级兵"就会追过去；一旦玩家控制的角色在"超级兵"的攻击范围内,"超级兵"就会执行攻击行为,如果玩家控制的角色逃走,"超级兵"还会在后面追击。这就是一个移动攻击 AI。但是,非玩家控制角色也不会一直追着玩家控制的角色跑,非玩家控制角色会优先攻击离自己最近的敌人。

在游戏设计中,需要注意的是,AI 既不能设计得太"聪明",也不能太"笨"。如果用户控制的角色在每次"打怪物"的时候,"怪物"都能够轻松躲避,最后众多"怪物"采取群体策略,把玩家控制的角色困在一个地方不断地对其进行攻击,使其毫无还手之力,这会增加玩家的挫败感,玩家肯定心情很糟,必定会让游戏玩家流失。反之,如果玩家控制的角色每次都可以轻松地躲避"怪物"的攻击,或者"怪物"总是傻傻地站着不动,让玩家控制的角色攻击,玩家就会觉得很无聊。因此,AI 的平衡性是在设计游戏 AI 的过程中需要注意的。

1.3 如何在游戏中实现 AI

那么如何实现游戏 AI 呢?目前,在游戏中,比较常用的有状态机和行为树这两个程序设计,而后面章节将要提到的遗传算法用得不是太多,这主要是考虑到手机游戏的局限性。因为手机性能相对计算机来说不是很高,而且复杂的 AI 里面包含了许多的运算,所以会大幅度降低手机的性能,从而导致游戏卡顿。同时,游戏最后的结果必须是可控的,不然会出现很多莫名其妙的问题,最终导致更多的错误(bug)。因为遗传算法和神经网络算法等机器学习算法在实现过程中都会模拟一些操作,同时包含了概率在里面,所以导致很多东西不可控。因此,在手机游戏中,AI 都是相对弱化的,很少有强策略的 AI。在程序实现中,比较简单的就是使用状态机策略,复杂点的大多是行为树。当然,像多层状态机也是可以进行复杂的 AI 设计的,这就要看个人对项目的把握了。具体在什么时候用哪种框架去实现,可能需要根据工作经验去抉择。

本书提到的算法的主要代码都是用 C#语言实现的,同时基于 Unity 引擎开发。当然,框架和算法都是不依赖引擎本身的,用其他的语言实现也是可以的。本书介绍的这些算法仅仅提供一种设计思想。

1.4　AI 就在我们身边

这里举个应用 AI 的简单例子。我们常用的谷歌翻译就是一个使用人工智能的例子，如图 1-2 所示。

▲图 1-2　谷歌翻译

在输入框中输入想要翻译的内容，就可以知道它对应的其他语种的翻译结果。但很多时候 AI 并不能够准确地将输入的内容翻译成我们想要的结果。中国很多的古诗词使用谷歌翻译都无法得到满意的结果。例如，"春风又绿江南岸"诗句的翻译结果如图 1-3 所示。

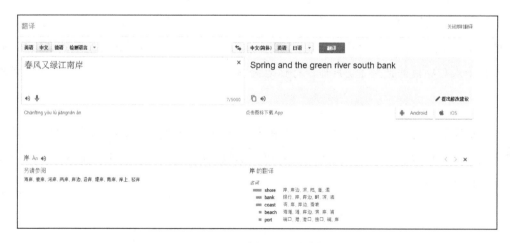

▲图 1-3　谷歌翻译中国古诗词

  对于中国的古诗词，英语的翻译结果只能够体现其字面的含义，而对更深层次的含义的翻译还要依靠人类。当然，我们平时用谷歌翻译简单的单词都是没什么问题的，而对于整句话的翻译还是要自己斟酌一下。现在看来，AI 其实离我们并不是很遥远，它就在我们身边。接下来，本书将重点介绍几个常见的游戏中 AI 的示例，同时针对不同的算法提供不同的实现，而且会将各个方法进行比对，以供广大的游戏从业者参考。

第 2 章　游戏中的寻路算法

2.1　寻路算法

　　游戏中有一个常见的情景是在地图上单击某个位置，然后玩家控制的角色就自动移动过去。如果旁边有障碍物，角色还会从旁边绕开，看起来非常智能。"围住神经猫"就需要通过寻路算法来求出最短路径，这里面就有游戏中常用的寻路算法——A*算法。A*算法是在图的基础上的搜索算法，它是一种启发式的搜索算法。在介绍 A*算法之前，我们先简单了解图的两个常用算法——广度优先搜索（Breadth First Search，BFS）算法和深度优先搜索（Depth First Search，DFS）算法。

2.2　为什么需要图

　　在设计游戏程序的时候，需要用变量来表示某个数据。例如，有 1000 个金币，在代码中的表示方式如下。

```
Int PlayerCoin = 1000;
```

上述代码定义了一个 int 类型的数据，用它来存取用户的金币信息。但是，随着需求的不断变动，可能发现这个 int 类型不够用了。例如，需要一个背包系统，里面有玩家获得的所有道具信息。背包里面至少需要包含道具 ID 和道具数量这两个信息，因此，又引入了类，示例代码如下。

```
Public class Item
{
    Public int ID;              //道具 ID
    Public int Num;             //道具的数量
}
```

如果还需要根据道具类型排序，就要接着扩充这个 Item 类。

```
Public class Item
{
    Public int ID;              //道具 ID
    Public int Num;             //道具的数量
    Public EItemType Type;      //道具类型
    Public …
    …
}

Public Enum EItemType
{
NONE,
ATTACK,         //进攻型道具
DEFENCE         //防守型道具
}
```

下面就可以根据需要不断地增加变量来丰富这个 Item 类（背包数据）。那这里是不是就可以将这个方法用在所有地方了呢？我们来分析下面这样一个需求。

玩家控制的角色需要从地图的 S 点走到 E 点，具体地图如图 2-1 所示。

该案例中，需要计算出从起点 S 到终点 E 的最短路径，然后玩家控制的角色按照方格一步步移动过去。这里使用之前的数据结构就无法表达出两个地图块之间的数据关系，而图这个数据结构正好满足这种关系。

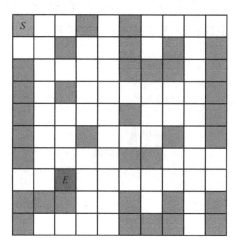

▲图 2-1   地图俯视图

2.3   地图的简化

如果一整张大地图呈现在我们面前,那么要如何操作这个地图来让玩家控制的角色自动寻路呢?就好比一个大蛋糕摆在我们面前,我们就直接张口吃吗?吃蛋糕的基础流程大致为首先将蛋糕切分成很多小块,然后一小块一小块地吃。其实,这里面就包含了我们对地图简化的思想。首先,将地图切分成一个个小块。然后,在能够行走的地方放个"灯笼",在不能够走的地方不放"灯笼"。最后,我们就在这些有"灯笼"的地方找出一条路径。

现在思路很清晰了,需要将实际的地图转换为对应的地图数据来进行操作。按照图 2-1 给出的地图信息,将对应的信息使用数字来代替。其中有"灯笼"的地方(也就是能够行走的地图块)就是 0;黑漆漆的地方(也就是不能够行走的地图块)就是 3。1 和 2 分别代表的是起点和终点,这里对 1 和 2 进行了加粗显示,如图 2-2 所示。

此时,寻路的问题就变成了在这个地图中找出 1→2 的最短路径。通过观察,可得出图 2-3 所示最短路径(其中加粗的 8 表示从起点到终点所经过的路径)。

这里只是演示了一个简单的地图,如果地图设计得比较复杂,那么找起来可能会比较费劲。

也就是说，无论地图复杂与否，最好能通过一个算法在一个给定的地图数据中找出一条路径。此时，就需要使用图的两个遍历算法。按照访问顶点的顺序可以分为 BFS 算法和 DFS 算法。下面开始介绍如何通过 BFS 算法和 DFS 算法来找出路径。

1, 0, 0, 3, 0, 3, 0, 0, 0, 0,
0, 0, 3, 0, 0, 3, 0, 3, 0, 3,
3, 0, 0, 0, 0, 3, 3, 3, 0, 3,
3, 0, 3, 0, 0, 0, 0, 0, 0, 3,
3, 0, 0, 0, 0, 3, 0, 0, 0, 3,
3, 0, 0, 3, 0, 0, 0, 3, 0, 3,
3, 0, 0, 0, 0, 3, 3, 0, 0, 0,
0, 0, **2**, 0, 0, 0, 0, 0, 0, 0,
3, 3, 3, 0, 0, 3, 0, 3, 0, 3,
3, 0, 0, 0, 0, 3, 3, 3, 0, 3,

▲图 2-2　用数字表示的地图

8, 0, 0, 3, 0, 3, 0, 0, 0, 0,
8, **8**, 3, 0, 0, 3, 0, 3, 0, 3,
3, **8**, 0, 0, 0, 3, 3, 3, 0, 3,
3, **8**, 3, 0, 0, 0, 0, 0, 0, 3,
3, **8**, 0, 0, 0, 3, 0, 0, 0, 3,
3, **8**, 0, 3, 0, 0, 0, 3, 0, 3,
3, **8**, 0, 0, 0, 3, 3, 0, 0, 0,
0, **8**, **8**, 0, 0, 0, 0, 0, 0, 0,
3, 3, 3, 0, 0, 3, 0, 3, 0, 3,
3, 0, 0, 0, 0, 3, 3, 3, 0, 3,

▲图 2-3　用数字 8 表示的最短路径

2.4 BFS 算法

BFS 算法的思想是从图中一个顶点 V 出发，然后标记为访问，然后依次访问和 V 相邻的顶点，接着从这些邻接顶点出发，访问它们的邻接顶点，直到所有的邻接顶点都被访问到。如果图中还有未被访问的顶点，那么再选择一个未被访问的顶点，重复以上步骤，直到所有的顶点都被访问到。

简单地概括一下，BFS 算法就像雷达一样，向周围辐射，向外扩散式地访问图中的每个顶点。

2.4.1　BFS 算法简介

下面展示一下 BFS 算法的流程。图 2-4 为原始图，有数据结构知识基础的读者应该不会感到陌生。

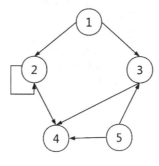

▲图 2-4　原始图

图 2-4 中的顶点 1 作为最开始的顶点。下面就按照 BFS 算法的核心思想遍历这个图中的顶点，以帮助读者了解 BFS 算法。

如图 2-5 所示，我们将顶点 1 作为起始顶点。先访问它，然后访问和 1 相邻的两个顶点 2 和 3。注意，后面访问的顺序是先 2 后 3。这里读者可能会有疑惑，为什么先访问到的是 2 而不是 3？因为这里默认是按照从左到右、从上到下的顺序遍历的。BFS 算法就是要按照先向四周扩散然后向下扩展的方式。因此，这里就先访问顶点 2，如图 2-6 所示。

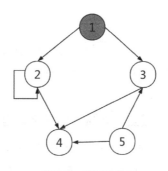

▲图 2-5　访问顶点 1

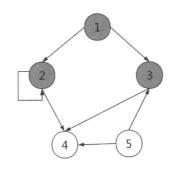

▲图 2-6　标记顶点 1，访问顶点 2 和 3

　　接着访问 2 的所有邻接顶点，也就是顶点 4。然后访问顶点 3 的所有邻接顶点。发现顶点 4 已经被访问过了，如图 2-7 所示。

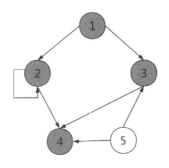

▲图 2-7　访问顶点 4

　　然后访问顶点 4 的所有邻接顶点。由于顶点 4 没有邻接顶点，因此此时结束了当前的访问。最后重新选一个未被访问到的顶点 5，重新执行以上步骤。发现顶点 5 被访问之后，它的邻接顶点 3 和 4 都被访问到了，此时再次结束了当前的访问。现在图中所有顶点都已经被访问到了，结束所有的顶点访问。可以发现，在图的整个访问过程中，从顶点 1 开始按照 BFS 算法的思想访问图的每个顶点，并没有顺利地访问到顶点 5。那么顶点 5 对于顶点 1 来说就是不连通的。

2.4.2　BFS 算法的实现

　　通过上文的介绍，相信读者已经对 BFS 算法有了一定的了解。接下来，介绍如何实现这一算法。

BFS 算法的描述如下。

1）选择一个未被访问的顶点入队。

2）从队里选出一个顶点 *V* 出队，并标记为已访问。

3）若顶点 *V* 不存在邻接顶点，则跳转至步骤 1）；否则，将顶点 *V* 的所有未被访问的邻接顶点 *W* 入队。

4）重复执行步骤 2）到 3），直到图中所有顶点都已被访问。

下面通过 BFS 算法的思想来实现这个过程，核心代码如下。

```
/// <summary>
/// BFS 算法
/// </summary>
/// <param name="origin">开始顶点</param>
/// <param name="target">目标顶点</param>
/// <param name="passNodeList">最短路径列表</param>
public static void Search(Node origin, Node target,ref List<Node>
passNodeList)
{
    passNodeList.Clear();

    for (int i = 1; i < mapLengh; i++)
    {
        for (int j = 0; j < mapWidth; j++)
        {
            //如果没有访问该顶点，就访问它
            if (!map[i,j].bVisit)
            {
                BFSSearch(map[i,j],origin,target,ref passNodeList);
            }
        }
    }

}
```

```csharp
/// <summary>
/// 根据当前顶点，检查自己的邻接顶点
/// </summary>
/// <param name="currentNode">当前顶点</param>
/// <param name="origiNode">原始顶点</param>
/// <param name="target">目标顶点</param>
/// <param name="passNodeList">最短路径列表</param>
private static void BFSSearch(Node currentNode,Node origiNode,Node target,
ref List<Node>
passNodeList)
{
    //将当前顶点加入队列中
    Queue<Node> queue = new Queue<Node>();
    queue.Enqueue(currentNode);

    while (queue.Count>0)
    {
        Node head = queue.Dequeue();
        //检查 4 个邻居（上下左右）
        List<Node> neighbors = getNeighbor(head);
        for (int i = 0; i < neighbors.Count; i++)
        {
            //没有被访问并且可以访问
            if (!neighbors[i].bVisit&&neighbors[i].Value!= NODE_BLOCK)
            {
                //标记顶点为已经访问
                neighbors[i].bVisit = true;
                neighbors[i].parent = head;
                queue.Enqueue(neighbors[i]);

                //记录中间的路径顶点
                if (neighbors[i].Value == target.Value)
                {
                    while (neighbors[i].Value!=origiNode.Value)
                    {
                        neighbors[i] = neighbors[i].parent;
```

```
                    passNodeList.Add(neighbors[i]);
                }
                passNodeList.Add(target);
                return;
            }
        }
    }
}
```

　　程序在访问到最后的目标点的时候，中间都经过了很多的顶点，有的顶点和目标点连通，有的是不连通的，那么如何将中间能够和目标点相通的过程点记录下来呢？有一个简单的方法就是在每次访问顶点的时候，都记录下当前顶点的父节点，这样当访问到目标点的时候，反向输出每个顶点的父节点即是连通的路径。

　　下面查看图 2-8 所示的示例，找出地图上 S 到 E 的最短路径。其中，@表示障碍物，"."表示可以行走的区域。

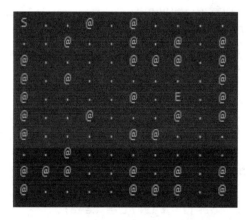

▲图 2-8　原始图

　　这里使用 BFS 算法进行计算，并将找到的路径使用字母 A 输出，结果如图 2-9 所示。

　　需要注意的是，本例使用的是 BFS 算法，那就意味着它要从头到尾进行扫描，在地图很大的情况下，会产生很多性能损耗。可不可以想办法将这个扫描范围缩小呢？该问题会在以后的章节进行解答。接下来，介绍图的另一个算法——DFS 算法。

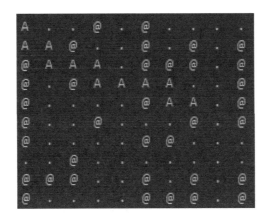

▲图 2-9　输出的结果

2.5 DFS 算法

　　DFS 算法的思想是首先将图中的所有顶点初始化为未访问。然后从某个顶点 V 出发。首先访问该顶点，然后依次从它的各个未被访问的邻接顶点出发，进行深度优先遍历，直到图中和 V 相连通的顶点都被访问到。如果此时还有其他顶点没有被访问到，则从未被访问到的顶点出发接着以上过程。直到图中所有顶点都被访问到。

　　简单来说，DFS 算法就是选择一条路一直向下走，遇到分支就选一个接着向下走，一直深入下去，直到走到终点了再选另一条路。这类似于不撞南墙不回头。很显然，DFS 算法是一个递归的过程。我们还是按照惯例来看个例子。

2.5.1　DFS 算法的示例

　　这里还使用图 2-4 所示的原始图。下面将按照 DFS 算法来演示如何依次访问图中的每个顶点。

　　按照 DFS 算法的思想，从顶点 1 开始。先访问顶点 1 和 2，如图 2-10 所示。

　　由于顶点 2 处有分支，因此接着访问顶点 2 的邻接顶点 4。由于顶点 4 处没有分支，因此终止于顶点 4，如图 2-11 所示。

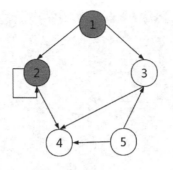

▲图 2-10　访问顶点 2

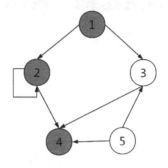

▲图 2-11　访问顶点 4

　　然后从顶点 4 回溯到顶点 2，发现顶点 2 的邻接顶点也都被访问到了。接着回溯到顶点 1，发现顶点 1 的邻接顶点 3 还没有被访问到，接着访问顶点 3，如图 2-12 所示。

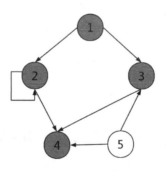

▲图 2-12　访问顶点 3

　　由于顶点 3 相邻的顶点都已被访问到，因此接着找一个没被访问过的顶点 5，如图 2-13 所示。

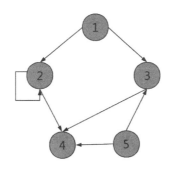

▲图 2-13　访问顶点 5

顶点 5 相邻的顶点 3 和 4 都已被访问过。此时图中每个顶点都被访问过，结束图的遍历。至此，就演示完了 DFS 算法的思想。下面通过算法来实现这一过程。

2.5.2　DFS 算法的实现

DFS 算法在搜索过程中访问某个顶点后，需要递归地访问此顶点的所有未被访问过的相邻顶点。初始条件下，把所有顶点设置为未访问，选择一个作为起始顶点，按照如下步骤进行访问。

1）选择起始顶点，并将其标识为已访问。

2）访问该顶点的邻接顶点，若没有访问到，则跳转到步骤 1），直到某个顶点没有邻接顶点为止。

3）回溯到步骤 2）的上一层顶点，再找该上一层顶点的其余邻接顶点，跳转到步骤 1）。如果所有邻接顶点的下一层顶点都被访问过了，就将该顶点标识为已访问，再回溯到更上一层顶点。

4）对于上一层顶点，继续执行步骤 1），直到所有顶点都被访问过。

虽然这个过程看起来比较复杂，但是可以发现这个步骤其实是一个递归的过程。伪代码如下。

```
DFS(currentIndex)
{
    If(!CurrentNode.Visit)   //如果当前顶点没有被访问过
```

```
    {
        CurrentNode.Visit = true;   //设置当前顶点为访问状态
        DFS(++currentIndex)   //接着访问下一个顶点
    }
}
```

DFS 算法听起来比较复杂，但是实现起来非常简单。使用一个递归算法就解决了，具体代码如下。

```
//DFS 算法
public static void Search(Node origin,Node target, ref List<Node> passN
odeList)
{
    for (int i = 0; i < mapLengh; i++)
    {
        for (int j = 0; j < mapWidth; j++)
        {
            if (!map[i,j].bVisit)
            {
                DFSSearch(i,j,origin,target);
            }
        }
    }

    Node mapTarget = map[target.X, target.Y];
    Node curentNode = mapTarget;
    while (curentNode.Value!=origin.Value)
    {
        passNodeList.Add(curentNode);
        curentNode = curentNode.parent;
    }
    passNodeList.Add(origin);
}


private static void DFSSearch(int i,int j,Node origin,Node target)
{
```

```
    map[i,j].bVisit = true;

    List<Node> neighbors = getNeighbor(map[i,j]);
    for (int k = 0; k < neighbors.Count; k++)
    {
        if (!neighbors[k].bVisit&&neighbors[k].Value!=NODE_BLOCK)
        {
            neighbors[k].parent = map[i, j];
            DFSSearch(neighbors[k].X, neighbors[k].Y, origin, target);

            // 保存列表
            if (neighbors[k].Value == target.Value)
            {
                return;
            }
        }
    }
}
```

具体思路为：通过对地图上的每个顶点进行访问，同时在访问顶点的时候对其进行递归访问。具体看下面这个例子，如图 2-14 所示，仍然是从 S 到 E 找出一条路径。

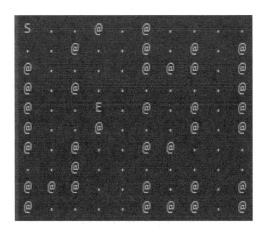

▲图 2-14 初始地图

运行结果如图 2-15 所示。

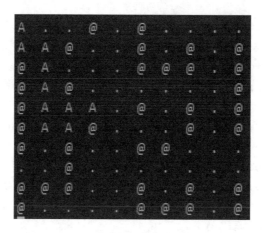

▲图 2-15　根据 DFS 算法求出的路径

　　我们发现 DFS 算法虽然可以求出两个点之间的路径，但是求出的并不是最短路径。通过 BFS 算法能够找出最短路径。那么问题出在哪里呢？其实 DFS 算法相当于一个栈，满足先进后出原则。就是一条道走到底，直到没有找到目标点，再回头找别的顶点。DFS 算法的根本就是标记当前顶点，然后递归地访问和它相邻的顶点。它并没有考虑到最优解的问题，就是按照自己的思路，一直向前走。所以它并不能够保证得到的路径是最短的。可以认为 DFS 算法是一个人一条道走到底，它是一个人在查找，所以找出的路径不一定是最短的。BFS 算法可以求出最短路径在于 BFS 算法每次都查找和自己相邻的顶点，然后每个顶点向四周扩散搜索。相当于很多人沿着不同方向开始走，同时又考虑了当前的位置和起始点之间的距离。这可以理解为人多力量大，找到的路径是最短的。

2.6　启发式搜索算法

　　启发式搜索算法又叫 A*算法，是基于 BFS 算法的搜索算法。通过前面的介绍我们知道了 BFS 算法虽然可以找出最短路径，但是它的缺点也很明显，遍历了整张图。例如，对于一个 $n \times n$ 的矩阵，BFS 算法就要运行 $n \times n$ 次。所以我们要想些办法将某些无效的顶点过滤掉，让 BFS 算法更加智能，让它在选择下一个顶点的时候多一些更优的考虑。具体怎么做呢？我们向下看。

2.6.1　启发式搜索算法简介

正如硬币有正反面一样，算法本身也是有两面性的。虽然 BFS 算法通过一层一层地向外扩散找到了最优的路径，但是我们也会发现它的下一个扩展点只关注于和开始点之间的关系，而忽略了和目标点之间的关系。如果我们将目标点和起始点这两个因素都考虑进来，新的算法就诞生了，它就是启发式搜索算法。启发式搜索算法和 BFS 算法的不同点在于它的下一个扩展点都是基于和起始点的距离以及与目标点的距离，通过一些权重来选择以哪个点作为自己的扩展点。我们先看一个简单的例子。

2.6.2　启发式搜索算法的示例

如图 2-16 所示，M_1 和 M_2 是与 S 相邻的点。

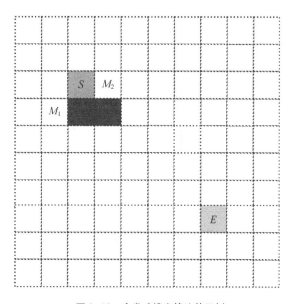

▲图 2-16　启发式搜索算法的示例

在 $S{\to}E$ 的路径上选择其中的一个点，哪个才能使得 $S{\to}E$ 的路径最短呢？相信大家一眼就能够看出来是 M_2。原因就是这两个相邻的点中，M_2 离 E 点更近。明白了这一点，其实就明白了启发式搜索算法的核心思想。这个 M 点既要和起始点的距离有关，也要和结束点的距离有关。换句话说，就是要求这两段距离的和是最小的，于是这个 M 点就是下一个扩展点。我们用数学公式来表示中间点 M 的选取，如图 2-17 所示。

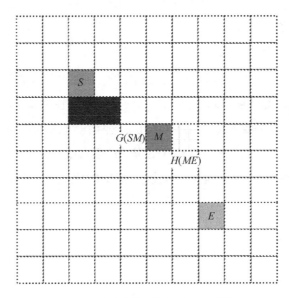

▲图 2-17　启发式搜索算法中间点 *M* 的选取

中间点 *M* 的选取需要两个值来确定。一个是点 *S* 到点 *M* 的距离，用 *G(M)* 来表示，还有一个是点 *M* 到点 *E* 的距离，用 *H(M)* 来表示，它们的和用 *F(M)=G(M)+H(M)* 来表示。*G(M)* 就是 *M→M* 的距离，这个是已知的。但是 *H(M)* 这个估算函数要怎么表示呢？表示距离的常见公式有两个。

- 曼哈顿距离：就是横向和纵向的距离之和。

- 欧氏距离：就是两个点之间的直线距离。

用图例来表示的曼哈顿距离和欧氏距离，如图 2-18 所示。

这两个公式都可以用来作估算函数，但是这两个估算函数对实际结果有什么影响呢？这里看一下图 2-19 所示的例子。

由于 *S→E* 的路径中有一堵墙，因此无论是采用曼哈顿距离还是欧氏距离似乎都不可以。它们都无法正确地表示出这个真实距离。那么在实际应用中，会有各种各样的地形，到底该采用哪种距离公式来表示这个 *H(M)* 呢？

这里有一点要注意：*H(M)* 只是一个估算函数。既然是估算，这个距离就是不准确的。通常情况下我们都使用欧氏距离（也就是两点之间的直线距离）来表示这个路径，即两点之间直线最短。在 2.6.4 节我们会做个试验，来看看这个估算函数在各种情况下会对结果产生什么样的影响。

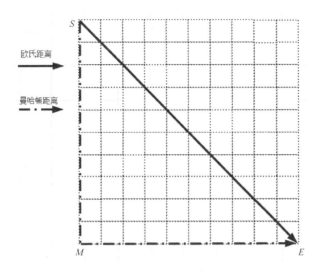

▲图 2-18　曼哈顿距离和欧氏距离

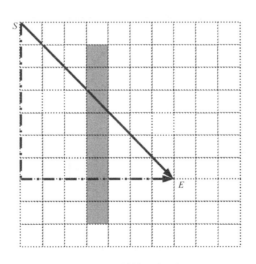

▲图 2-19　估算函数示例

2.6.3　启发式搜索算法的实现

在启发式搜索算法中，通过启发函数来引导算法的搜索方向。该算法的核心是确定估值函数，因此需要先确定 $F(M)$ 的值。

如图 2-20 所示，由于等腰直角三角形的直角边和斜边的比例为 $1 : \sqrt{2}$ 即 $1 : 1.4$，因此这里使用取整计算，假定直角边为 10，那么斜边就是 14。因此获取 G 值的方式如下所示。

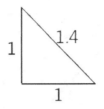

▲图 2-20　等腰直角三角形

```
/// <summary>
/// 获取G值
/// </summary>
/// <param name="target"></param>
/// <returns></returns>
public int GetG(AStarNode target)
{
    if (target.ParentNode.EqualOther(null))
        return 0;

    if (target.Point==Point)
    {
        return 0;
    }
    // 和自己同行或者同列,返回10
    if (target.Point.X==Point.X||target.Point.Y==Point.Y)
    {
        return 10;
    }
    // 在自己的4个拐角就返回14
    return 14;
}
```

估算函数中的 H 值使用欧氏距离（即两点间的直线距离）计算。具体运算方式如下所示。

```
/// <summary>
```

```
/// 获取 H 值
/// </summary>
/// <param name="target"></param>
/// <returns></returns>
public int GetH(AStarNode target)
{
    // 欧氏距离
    int a = Math.Abs(Point.X - target.Point.X);
    int b = Math.Abs(Point.Y - target.Point.Y);
    return 10 * (int)Math.Sqrt(a*a +b*b);
}
```

那么 *F* 值就是 *G+H*。启发式搜索算法中寻路的核心代码如下。

```
/// <summary>
/// 开始寻路
/// </summary>
/// <param name="originNode">开始顶点</param>
/// <param name="targetNode">目标顶点</param>
/// <param name="passNodes">用于存储最短路径</param>
/// <returns></returns>
public static bool FindPath(AStarNode originNode, AStarNode targetNode,
 ref List<AStarNode> passNodes)
{
    //将中间的路径清除
    passNodes.Clear();

    if (originNode.EqualOther(targetNode))
    {
        passNodes.Add(originNode);
        return true;
    }

    //清除打开和关闭列表
    OpenNodes.Clear();
    CloseNodes.Clear();
```

```
originNode.G = 0;
originNode.H = originNode.GetH(targetNode);
originNode.ParentNode = null;

OpenNodes.Add(originNode);

AStarNode currenNode = null;

while (OpenNodes.Count>0)
{
    //找出 Open 表里面最小的 F
    currenNode = GetMinF(OpenNodes);
    if (currenNode.EqualOther(null))
    {
        return false;
    }

    //判断当前的顶点是不是目标点，若是，就找到了路径
    if (currenNode.EqualOther(targetNode))
    {
        while (!currenNode.EqualOther(originNode))
        {
            passNodes.Add(currenNode);
            currenNode = currenNode.ParentNode;
        }
        passNodes.Add(originNode);
        passNodes.Reverse();
        OpenNodes.Clear();
        CloseNodes.Clear();
        return true;
    }

    //没有找到就移除 Open 列表里面的当前节点
    OpenNodes.Remove(currenNode);
    CloseNodes.Add(currenNode);

    //判断邻居顶点
```

```
        Check8(currenNode, targetNode);

        //PrintLog();

    }

    passNodes.Clear();
    OpenNodes.Clear();
    CloseNodes.Clear();
    return false;
}
```

从上面的示例代码中，可以看到启发式搜索算法和 BFS 算法的区别就在于我们每次选取中间点 M 的时候，都是通过估算函数来计算的，这样会跳过一些顶点，减少遍历次数。具体减少多少次会在下一节详细介绍。本示例的完整代码可以从 GitHub 网站下载。由于代码中都有相应的注释，这里就不做过多解释了。下面针对图 2-21 所示的地图，查看启发式搜索算法的执行结果。

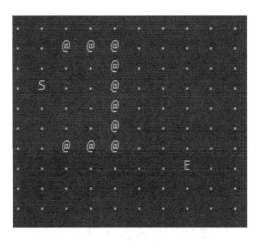

▲图 2-21 启发式搜索算法示例地图

从 $S \rightarrow E$ 中找出最短路径，其中"@"表示障碍物，"."表示可以行走的区域。通过启发式搜索算法，我们将找到的路径使用字母 A 输出出来，运行代码得出图 2-22 所示的结果。

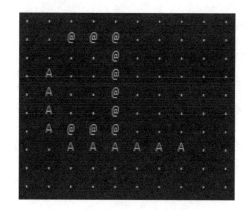

▲图 2-22　启发式搜索算法的运行结果

　　因为启发式搜索算法基于 BFS 算法，所以这里肯定能够找出一条最短的路径。那么现在需要关注的就是，通过哪种算法可以让启发式搜索算法遍历更少的顶点就找出最短路径。接下来我们做一个对比，看看使用不同的 $H(M)$ 估值函数能够对结果产生什么影响。

2.6.4　$H(M)$ 估算函数

　　针对图 2-23 所示的地图，下面将通过不同的 $H(M)$ 来看对结果以及搜索过程会产生什么样的影响。为了方便读者观察出区别，这里将中间搜索过的顶点使用*标记了出来。

　　（1）使用曼哈顿距离计算 $H(M)$

　　图 2-23 是通过曼哈顿距离算出来的路径。结果表明：使用曼哈顿距离，搜索过程跳过了很多点，并且最终找到了最短的路径。

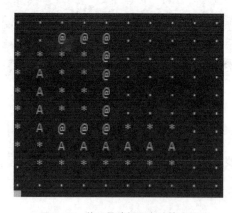

▲图 2-23　使用曼哈顿距离计算 $H(M)$

（2）使用欧氏距离计算 $H(M)$

图 2-24 是通过欧氏距离算出来的路径。结果表明：使用欧氏距离，在搜索过程中就比曼哈顿多了几个搜索点，也是跳过了很多点，并且找到了最短路径。

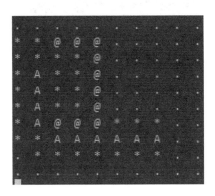

▲图 2-24　使用欧氏距离计算 $H(M)$

（3）使用欧氏距离的平方计算 $H(M)$

图 2-25 是使用欧氏距离的平方所得出的结果。结果表明：使用欧氏距离，也就是 H 值大于实际距离的情况，可以看出虽然得出了中间路径，但是它不是最短的路径。

（4）$H(M)=0$

图 2-26 是没有估算函数的情况下得出的结果。结果表明：使用 BFS 算法，也就是在 H 值始终为 0 的情况，虽然找到了最优的路径，但是它遍历了整张图。

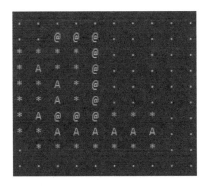

▲图 2-25　使用欧氏距离的平方计算 $H(M)$

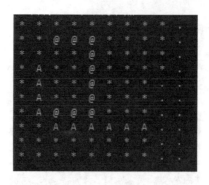

▲图 2-26　$H(M)$ 为 0 的情况

根据上面的试验结果，可得出以下结论。

● 当估算距离 $H(M)$ 等于实际距离的时候，也就是说，每次选择的都是最短的距离，那么最终的路径肯定就是最短路径。

● 当估算距离 $H(M)$ 小于实际距离的时候，每次都会找到更短的路径，但是可能会经过很多无效的点，效率低。极端情况下 $H(M)=0$。那么 $F(M)=G(M)+H(M)$ 就变成了 $F(M)=G(M)+0=G(M)$，这就是 BFS 算法。

● 当估算距离 $H(M)$ 大于实际距离的时候，有可能找到一条通往目的地的路径，但是这条路径不一定是最短的。

综上所述，我们在游戏中需要注意的是，这个 H 值和实际值越接近越好。这样可以保证遍历的过程中搜索到的无效点会越来越少并且求出的路径是最短的。

第3章　Unity

目前市面上比较流行的手游都是用 Unity 引擎制作的。当然，也有 Unreal 和 Cocos2d-x 引擎制作的游戏，但是通过观察国内各大游戏公司的招聘信息，发现现在招 Unity 客户端程序员的比较多。这三种引擎综合起来分别有以下特点。

- Unreal：使用 C++语言编写，画面绚丽，上手难，调试也不是很方便。

- Cocos2d-x：使用 C++语言编写，适合制作二维游戏，三维游戏不是很友好。

- Unity：使用 C#语言，上手容易，二维和三维游戏都可以制作。

上手越容易就意味着招人越容易。由于 C#语言是微软提出的，因此使用 Visual Studio 调试起来非常方便。其次手游追求的是快速开发，如果无法快速上手和简化调试，就意味着开发效率会比较低。当然，对于专家级别的游戏开发者，什么引擎都可以开发，甚至自己从头写一个引擎出来都是可以的，但是大多数的游戏开发者都还没能够达到专家级别。按照市面上的招聘信息，也都是要求熟悉 Unity 引擎的居多，所以本书的案例都是基于 Unity 引擎来实现的。

3.1 Unity 简介

Unity 是目前主流的游戏引擎，更多信息参见 Unity 3D 官网。Unity 可以用来创建诸如三维电子游戏、建筑可视化、实时三维动画等类型的互动内容，是一个跨平台的游戏引擎。它可用于开发 Windows、Mac、Linux 平台上的单机游戏，iOS、Android 移动设备上的游戏，基于 WebGL 技术的网页游戏，或 PlayStation、XBox、Wii 主机上的游戏。Unity 的强大主要在于如下几个功能模块。

- 强大的可扩展的编辑器功能：程序可以很方便地编写自定义的编辑器窗口。这块功能可以在第 6 章介绍的 Behavior Designer 插件中看到。

- 全局实时光照：拥有实时渲染引擎（如图 3-1 和图 3-2 所示），还支持原生的图形 API。

- 原生的 C++性能：使用 IL2CPP 技术实现跨平台。

- 跨平台：横跨移动、桌面、主机、TV、VR、AR 及网页平台等 25 个平台，支持 VR/AR 技术。

- Unity 插件：目前 Unity 的资源商店里面有大量的 Unity 插件，提供了美术模型、脚本、工具等，可直接用于项目中，加快了项目的开发进度。

▲图 3-1　Unity 实时渲染场景 1

▲图 3-2 Unity 实时渲染场景 2

3.2 Unity 的应用

Unity 不仅能够开发 2D 游戏,还可以开发 3D 游戏。同时,它针对手机做了非常多的优化,在手机上性能非常好。图 3-3 是之前公布的 iOS 畅销榜。其中,畅销榜第一名的《王者荣耀》如图 3-4 所示,《炉石传说》如图 3-5 所示。《纪念碑谷 2》如图 3-6 所示。这些市面上非常火的游戏都是使用 Unity 开发的。

▲图 3-3 iOS 畅销榜

▲图 3-4 《王者荣耀》

▲图 3-5 《炉石传说》

▲图 3-6 《纪念碑谷 2》

下面通过简单的例子来讲述 Unity 编程。一个合格的 Unity 游戏程序员应该掌握 Unity 扩展编辑器的实现。

3.3　自定义编辑器的实现

本示例展示的是如何创建一个简易的编辑器界面。要实现类似第 6 章中行为树插件的功能。这里仅仅演示一下如何创建节点和实现连接线功能。最终的效果如图 3-7 所示。

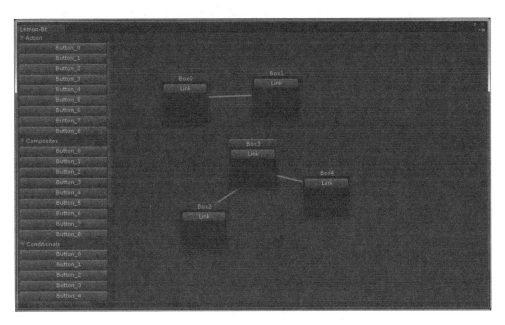

▲图 3-7　编辑器最终效果

从 GitHub 网站下载示例代码。打开 lemon-bt-unity 项目，如图 3-8 所示。

在 Unity 主界面中，从菜单栏中选择 AI→LemonBt→About 命令。下面介绍怎么实现这个简单的功能。首先，创建一个 Bt_About.cs 文件，放在"Editor"文件夹下面。具体代码如下所示。

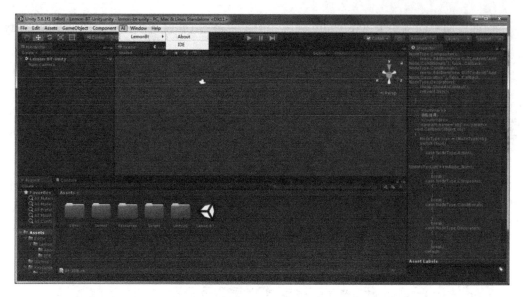

▲图3-8　项目效果

```
using UnityEditor;
using UnityEngine;

public class Bt_About : EditorWindow
{
    private static GUIStyle style = null;

    [MenuItem("AI/LemonBt/About")]
    public static Bt_About BtnAbout()
    {
        Bt_About newWindow = EditorWindow.GetWindow<Bt_About>();
        newWindow.name = "About";
        return newWindow;
    }

    void OnGUI()
    {
        About();
    }

    static void About()
```

```
    {
        GUILayout.Space(10);
        style = new GUIStyle();
        style.fontStyle = FontStyle.Bold;
        style.normal.textColor = Color.green;
        GUILayout.Label("Create by OneLei!\n" +
            "ahleiwolong@163.com", style);
    }
}
```

保存以上代码之后，从菜单栏中选择 AI→LemonBt→About，就可以打开图 3-9 所示的界面。

▲图 3-9 扩展编辑器的 About 界面

下面从菜单栏中选择 AI→LemonBt→IDE，打开编辑器界面，如图 3-10 所示。

在图 3-10 右边的空白地方右击，并从上下文菜单中选择 Add Node→Actions，如图 3-11 所示，添加两个节点。

如图 3-12 所示，在第一个 Box 上面单击 Link 之后拖动鼠标到第二个 Box 上面就会创建一条线，如图 3-13 所示。

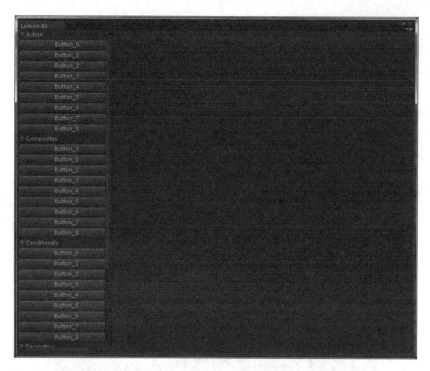

▲图 3-10　编辑器界面

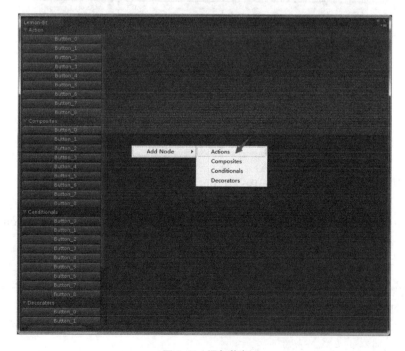

▲图 3-11　添加节点

▲图 3-12 单击 Link

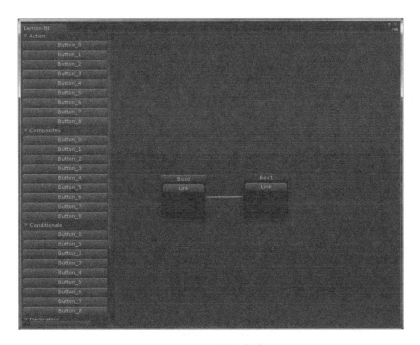

▲图 3-13 创建一条线

以上模拟了第 6 章中 Behavior Designer 插件的部分操作，创建了一个简易的编辑器窗口。下面重点列出其中的核心函数。绘制线条的核心函数如下。

```
void DrawOneLine(Rect rec1,Rect rec2)
{
    Color color = Color.green;
    Handles.DrawBezier(rec1.center, rec2.center,
     new Vector2(rec1.xMax + 50f, rec1.center.y),
     new Vector2(rec2.xMin - 50f, rec2.center.y),
     color, null, 5f);
}
```

绘制 Box 的核心函数如下。

```
void UpdateRecList(int num)
{
        // 在单击的地方创建 box
        if (num > RecList.Count)
        {
            Rect rect = new Rect(mEvent.mousePosition.x, mEvent.mouse
            Position.y, 100, 100);
            RecList.Add(rect);
        }
}
```

创建右击菜单的函数如下。

```
void RightClickMenu()
{
        GenericMenu menu = new GenericMenu();
        menu.AddItem(new GUIContent("Add Node/Actions"), false, Callback, No
        deType.Actions);
        menu.AddItem(new GUIContent("Add Node/Composites"), false, Call
        back, NodeType.Composites);
        menu.AddItem(new GUIContent("Add Node/Conditionals"), false, Call
        back, NodeType.Conditionals);
```

```
        menu.AddItem(new GUIContent("Add Node/Decorators"), false, Call
        back, NodeType.Decorators);
        menu.ShowAsContext();
        mEvent.Use();
}
```

　　接下来，组织这些函数，在 Unity 编辑器下面画出这些控件。该示例比较简单，主要介绍了如何在 Unity 编辑器下面画图，创建自定义的窗口。后面的章节将着重介绍游戏 AI 程序设计中的常见方法。

第4章 有限状态机

在状态机的理念还没有提出来的时候，传统的判断逻辑都是如果 A 条件满足，就执行 a 行为。如果 A 条件不满足但是 B 条件满足，就执行 b 行为。随着条件和行为的增多，这种 if...else 判断会非常长，降低可读性。阅读这块代码的时候，我们并不能够直观地知道当前到底执行到哪个行为。所以就提出了有限状态机（Finite State Machine，FSM）这个概念来消除太多的 if...else 判断。

状态机分为有限状态机和无限状态机，在游戏中通常使用的是有限状态机，即状态之间的转换是有限的。对于本章提到的状态机，如果不做特殊说明，默认都是有限状态机。

4.1 有限状态机及其实现

有限状态机在游戏的流程控制中用得比较多。例如游戏中的场景切换就可以使用状态机进行管理。通常游戏分为登录场景、地图场景、战斗场景等，同时，在场景打开之后会打开相应的界面。这一过程非常适合用状态机来管理。当然，在游戏开发中还有很多地方都可以使用状态机的思想来设计。本节主要是通过一个简单动作游戏的开发流程，来展示状态机的使用。

4.1.1 有限状态机简介

有限状态机首先将一系列操作划分成各个状态，然后控制状态之间的相互切换。下面通过一个例子来介绍为什么在游戏开发中需要通过状态机来管理角色的不同状态。

4.1.2 有限状态机的示例

假设现在要开发一个 ARPG（Action Role Playing Game，动作角色扮演类游戏），其中的角色如图 4-1 所示。

现在需要控制这个角色的一些动作，比如按下向右的方向键，这个角色就向右行走。要实现这个功能，添加如下代码。

```
// Update is called once per frame
void Update()
{
    // 按下向右的方向键
    if (Input.GetKeyDown(KeyCode.RightArrow))
    {
        //向右行走
        doForward();
    }
}
```

▲图 4-1　动作角色扮演类游戏中的角色

添加以上代码并运行，运行结果如图 4-2 所示。

▲图 4-2 角色向前行走

这个时候策划人员又有了新的需求，当按下向下的方向键时，角色需要下蹲。接下来，添加如下代码。

```
// 每一帧调用一次 Update
void Update()
{
    // 按下向右的方向键
    if (Input.GetKeyDown(KeyCode.RightArrow))
    {
        //向右行走
        doForward();
    }
    // 按下向下的方向键
    else if (Input.GetKeyDown(KeyCode.DownArrow))
    {
        //下蹲
        doCrouch(true);
    }
}
```

代码看起来没什么问题，但是在添加代码之后，执行结果如图 4-3 所示。角色在下蹲的同时还在前进，类似匍匐前进。很明显，角色在下蹲的时候，它的上一个前进动作没有结束。

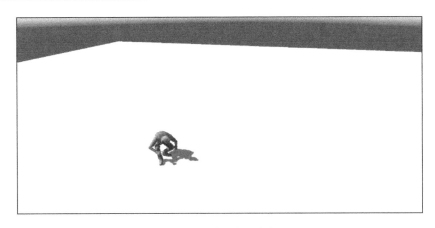

▲图 4-3 角色匍匐前进

　　策划人员的要求只是想让该角色执行下蹲动作，不需要同时前进。那么就需要添加一个变量来判断当前角色是否正在前进。如果正在前进，就停止前进，执行下蹲动作。同样地，还要添加一个变量来判断角色是否正在下蹲。如果此时正在前进，就要停止下蹲，即两个动作是互斥的。下面按照该思路，添加如下代码。

```
// Update is called once per frame
void Update()
{
    // 按下向右的方向键
    if (Input.GetKeyDown(KeyCode.RightArrow))
    {
        bForwarding = true;

        // 如果角色此时正在下蹲
        if (bCrouching)
        {
            //停止下蹲
            bCrouching = false;
            doCrouch(false);
        }
        //向右行走
        doForward();
    }
    // 按下向下的方向键
```

```
        else if (Input.GetKeyDown(KeyCode.DownArrow))
    {
        bCrouching = true;

        // 如果此时角色正在前进
        if (bForwarding)
        {
            // 停止前进
            bForwarding = false;
            stopForward();
        }
        //下蹲
        doCrouch(true);
    }
}
```

　　运行游戏之后，会发现一切正常，但是策划人员又提出了一个新需求，在玩家按下向上的方向键时，角色需要跳起。直接添加如下代码。

```
//按下向上的方向键
else if (Input.GetKeyDown(KeyCode.UpArrow))
{
    //向上跳
    doJump();
}
```

　　新的问题又来了，当玩家不断地按下向上的方向键时，我们发现角色会一直在跳跃，并停留在空中，如图 4-4 所示。该怎么办呢？这时候又要添加一个变量来判断此时角色是否正在跳跃。只有在这个变量为 false 的时候才允许角色跳跃。

　　这时候策划人员又有了新的需求了……相信读者已经发现这个 if...else 语句存在很大的问题。每当策划人员有新的需求的时候，我们就不得不通过增加变量的方式来控制角色。然后还要将这个变量添加到很多逻辑判断的地方。随着新需求的产生，这个设计将变得非常复杂，难以控制。下面将通过状态机的思想，看这个问题是怎么通过状态机来解决的。

▲图 4-4 角色一直悬在空中

4.1.3 单层状态机的实现

单层状态机是一种简单的状态机，其核心思想就是通过状态输入、状态进入、状态退出、状态更新等几个函数来控制。将 4.1.2 节提到的几个行为状态表示为角色动作流程图，如图 4-5 所示。

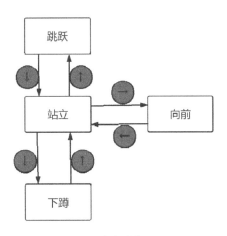

▲图 4-5 角色动作流程图

通过该流程图，可以看出角色是在跳跃、站立、下蹲、向前这几个状态之间通过不同的输入条件来切换到另一种状态的。用代码表示这些状态，如下所示。

```
public enum Npc State
{
    Stand,          //站立
```

```
    Crouch,          //下蹲
    Forward,         //向前
    Jump,            //跳跃
 }
```

通过 swich...case 语句就可以维护一个角色的状态。具体代码如下。

```
// 每一帧调用一次 Update
void Update () {
    switch(mState)
        {
            case NpcState.Stand:
                if(Input.GetKeyDown(KeyCode.UpArrow))
                {
                    mState = NpcState.Jump;
                    //向上跳
                    doJump();
                }else if(Input.GetKeyDown(KeyCode.DownArrow))
                {
                    mState = NpcState.Crouch;
                    //下蹲
                    doCrouch(true);
                }else if(Input.GetKeyDown(KeyCode.RightArrow))
                {
                    mState = NpcState.Forward;
                    //向右走
                    doForward();
                }
                break;
            case NpcState.Crouch:
                if(Input.GetKeyDown(KeyCode.UpArrow))
                {
                    mState = NpcState.Stand;
                    //站立
                    doIdle();
                }
                break;
```

```
        case NpcState.Forward:
            if(Input.GetKeyDown(KeyCode.LeftArrow))
            {
                mState = NpcState.Stand;
                //站立
                doIdle();
            }
        break;
        case NpcState.Jump:
            if(Input.GetKeyDown(KeyCode.DownArrow))
            {
                mState = NpcState.Stand;
                //站立
                doIdle();
            }
        break;
    }
}
```

通过整理代码，可以发现很多状态其实是互斥的。当角色处于跳跃过程的时候，它只能够响应向下的方向键，要切换到不同的状态，需要先变成站立的状态才可以。这里可以很直观地看出每个状态要想切换到其他的状态需要哪些条件。

问题虽然已经解决，但是策划人员又有了新的需求。当角色在向右行走的时候，如果玩家再按一次向右的方向键，角色就会加速行走。那怎么处理呢？其实只需要在角色前进的时候添加一个计数器，当这个计数器数值超过 2 的时候，角色加速行走。具体代码如下。

```
case NpcState.Forward:
    if (Input.GetKeyDown(KeyCode.RightArrow))
    {
        ++forwardCount;
        if (forwardCount > FROWARD_COUNT_SPEED)
        {
            //加速
            doForwardSpeed();
        }
    }
```

```
    if (Input.GetKeyDown(KeyCode.LeftArrow))
    {
        forwardCount = 0;
        mState = NpcState.Stand;
        //站立
        doIdle();
    }
break;
```

通过上面的方法可以看出，要实现该效果需要同时修改两个地方。除了在前进的地方添加一个计数器之外，还要在按下向左的方向键时将计数清零。还有一个问题是，该计数器变量对其他的状态是可见的，这会产生什么问题呢？一旦编程人员在别的地方不小心使用了这个变量，就会导致这个加速效果失效。

举个更加通俗点的例子。某家长不小心将一个过期的面包放在桌子上，然后出门了。但是家里的小孩不知道这个面包有问题，直接给吃掉了。最后的结果就是小孩拉肚子了。这是家长不希望看到的结果。那怎么解决这个问题呢？其实家长可以将过期的食物都放在加锁的柜子里，这样家里的小孩就不知道柜子里还有这个面包。也就是说，这个面包对小孩是不可见的。按照这个思路，就可以将上面的计数器变量封装到它对应的状态里面，这样它对外就是不可见的。如何操作呢？这里引入一个状态机的基类。在每次给当前状态赋值的时候，添加退出之前状态和进入当前状态的函数接口。代码如下。

```
public class StateMachine<T> :UIBase
{
    /// <summary>
    /// 当前的状态时间
    /// </summary>
    protected float stateStartTime;
    public float mStateTime
    {
        get{ return Time.time - stateStartTime;}
    }

    /// <summary>
    /// 上一个状态
```

```
        /// </summary>
        public T mPreState;
        /// <summary>
        /// 当前状态
        /// </summary>
        private T _curState;
        public T mCurState
        {
          get
          {
            return _curState;
          }
          set
          {
                Debug.LogWarning("pre    "+mPreState);
                OnExitState(mPreState);
                mPreState = _curState;
                _curState = value;
                stateStartTime = Time.time;
                Debug.LogWarning("cur    " + _curState);
                OnEnterState(_curState);
          }
        }
    }
```

接下来，需要引入一个状态机的管理类，通过该管理器来控制所有的状态。具体代码如下。

```
void Start()
{
    FSMStateDic.Clear();
    FSMStateDic.Add(FSM2Base.NpcState.Stand, newFSM2Stand(mAnimator));
    FSMStateDic.Add(FSM2Base.NpcState.Forward, newFSM2Forward(mAnimator));

    //设置当前状态为站立
```

```
        ChangeState(FSM2Base.NpcState.Stand);
    }
```

　　这里将不同的状态都添加到状态机管理器中。每次切换状态的时候，直接通过管理器的 **ChangeState** 函数控制。具体代码如下。

```
/// <summary>
/// 切换状态
/// </summary>
/// <param name="state"></param>
public void ChangeState(FSM2Base.NpcState state)
{
    beforeState = this.currentState;
    this.currentState = state;

    if (FSMStateDic.ContainsKey(state))
    {
        FSMStateDic[state].mCurState = state;
    }
}
```

　　核心思想就是通过将状态和该状态对应的代码存放在字典里面。当处理某个状态的时候，交给该状态对应的代码去处理即可。按照这个思路进行修改之后，在场景中一开始人物处于站立状态。当玩家按下键盘上向右的方向键时，角色开始行走，再次按下向右的方向键，人物跑了起来，具体如图 4-6、图 4-7、图 4-8 所示。

▲图 4-6　角色处于站立状态

▲图 4-7 角色处于行走状态

▲图 4-8 角色处于跑步状态

这样设计的好处在于设置状态的时候，可以针对上一个状态进行相应的收尾操作——清除上一个状态中的临时数据。接着预处理当前的状态，比如预加载、预先判断数据是否合理等操作。在进入当前状态的时候可以保证上一个状态是完全退出的，同时也可以在进入当前状态的时候检查能否切换，保证了安全性。有进有出，一个状态就有了完整的生命周期，保证了一致性。

4.2　分层有限状态机及其实现

4.1 节主要介绍了单层有限状态机，既然是单层就意味着还有多层有限状态机。为什么需要将状态机进行分层处理？其实分层状态机的出现是为了解决单层状态机无法处理的问题。本节主要介绍多层状态机的思路和实现方式。

4.2.1　分层有限状态机简介

分层有限状态机（Hierarchical Finite State Machine，HFSM）简单概括就是将状态机按照功能模块进行划分，每个模块管理自己的状态机，分而治之。

4.2.2　分层有限状态机的示例

在平时的生活场景中，人们在家拥有吃饭、看书、看电视、睡觉这几个状态。当我们发现没东西吃了的时候，就需要进入逛超市、挑选东西、付钱这几个状态。当我们上班的时候又会进入打卡、工作等状态。随着人们生活场景的增加，我们发现每次增加一个地方，就需要添加很多的状态。这样会导致需要维护的状态越来越多。按照这个思路添加下去，会导致状态难以维护。那么我们能否就这几个生活状态按照场景分类，将在一个地方要做的事归到一个状态里面作为一个单独的小状态机呢？答案当然是可以的。我们可以创建一个大状态机，用这个大状态机来驱动这些小状态机。就好比校长要管理各个班的班主任，班主任管理整个班级，这样将权力分散开来，各个部门才能够高效地运作。

4.2.3　分层有限状态机的实现

多层状态机其实是对简单状态机的封装。大状态机的核心思想是小状态之间的转换使用小状态机维护，大状态机之间的转换在大状态机下面维护。举个简单点的例子，我们每个人在公司里都有自己的权限，要想和别的部门的人沟通，可能需要领导或者一个中间人，我们可以把这个中间人想象成大状态机之间的切换条件。内部的沟通协作都在大状态机里完成。

1.　大状态机

大状态机的核心思想是将若干小状态封装成一个大状态，然后由外面控制这些大状态。这听起来有点抽象，下面看个多层状态机的流程图，如图 4-9 所示。

这里将生活场景之间的切换流程整理了出来，从图 4-9 中可以看出一共有 7 个小状态。我们将这些状态分了 3 大类：家、公司、超市。这时只需要控制角色在什么时候进入到这 3 个场景中即可。角色在某个场景里面的具体行为不需要关心。角色在家的场景如图 4-10 所示。通过添加 3 个按钮来控制角色所处的场景。

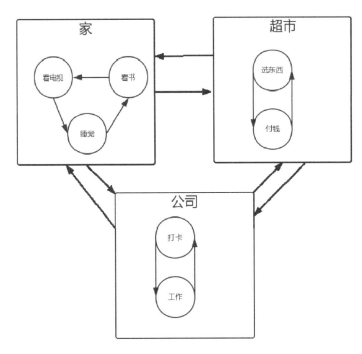

▲图4-9 多层状态机的流程图

下面看看如何实现这个需求。首先需要一个基类，里面要包含"家""超市""公司"这3个状态。这个基类具体如下。

```
public class HFSMBase : StateMachine<HFSMBase.Place>
{
    /// <summary>
    /// 状态
    /// </summary>
    public enum Place
    {
        Home,       //家
        Shop,       //超市
        Company,    //公司
    }
}
```

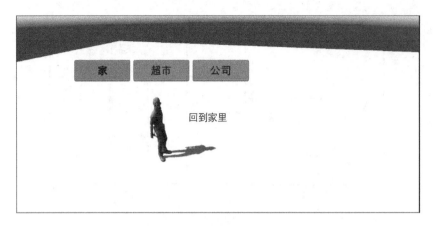

▲图 4-10　人物在家的场景

　　为了表示"家"这个状态，需要定义 HFSMHome 类。HFSMHome 类具体如下。

```
public class HFSMHome : HFSMBase
{
    /// <summary>
    /// 更新状态
    /// </summary>
    public override void OnUpdateState()
    {
        homeTime += Time.deltaTime;

        if (homeTime > 5)
        {
            doSleep();
        }else if(homeTime >3)
        {
            doWatchTV();
        }
        else if (homeTime > 2)
        {
            doReadBook();
        }
    }
}
```

通过这个类来控制内部的一些状态，比如在什么时候睡觉、看电视、看书等若干小状态。同样，我们还需要"超市"和"公司"这两个状态。HFSMShop 类如下所示。

```
public class HFSMShop : HFSMBase
{
    /// <summary>
    /// 更新状态
    /// </summary>
    public override void OnUpdateState()
    {
        shopTime += Time.deltaTime;
        if (shopTime > 3)
        {
            doPay();
        }else if (shopTime > 2)
        {
            doSelectFood();
        }

    }
}
```

HFSMShop 类在内部控制购物、付钱这两个状态。最后一个是 HFSMCompany 类，具体如下。

```
public class HFSMCompany : HFSMBase
{
    /// <summary>
    /// 更新状态
    /// </summary>
    public override void OnUpdateState()
    {
        workTime += Time.deltaTime;
        if (workTime > 3)
        {
            doWork();
        }else if (workTime > 2)
```

```
        {
            doSignIn();
        }


    }
}
```

HFSMCompany 类控制签到和工作这两个状态。最后，最外层的管理类代码如下。

```
// 初始化
void Start ()
{
    HFSMStateDic.Clear();
    HFSMStateDic.Add(HFSMBase.Place.Home, new HFSMHome(mAnimator,
    Text_Talk));
    HFSMStateDic.Add(HFSMBase.Place.Shop, new HFSMShop(mAnimator,
    Text_Talk));
    HFSMStateDic.Add(HFSMBase.Place.Company, new HFSMCompany(mAnimator,
    Text_Talk));

    // 设置当前在家里
    ChangeState(HFSMBase.Place.Home);
    bStart = true;
}

// 对于每帖调用 Update()一次
void Update ()
{

    if (bStart)
    {
        // 更新当前状态的场景内部逻辑
        HFSMStateDic[currentState].OnUpdateState();
    }
}

/// <summary>
```

```
/// 切换状态
/// </summary>
/// <param name="state"></param>
public void ChangeState(HFSMBase.Place place)
{
    beforeState = this.currentState;
    this.currentState = place;

    if (HFSMStateDic.ContainsKey(place))
    {
        HFSMStateDic[place].mCurState = place;
    }
}
```

Start 函数里面将各个大状态以及对应的大状态的相关类都注册了进去。Update 函数里面时刻更新着当前状态的信息，在内部调用当前状态的更新函数。最下面的 ChangeState 函数就根据要跳转的场景，切换到对应的大状态机。下面将这几个状态合并起来，运行场景如图 4-11、图 4-12 和图 4-13 所示。通过单击"家"这个按钮，可以看到人物在这个"家"大状态下面有看书、看电视、睡觉这几个小状态。

然后单击"超市"这个按钮，可以发现人物先切换到"超市"大状态（见图 4-14）。接下来，在这个大状态里面切换到挑选东西、购买这两个状态。具体如图 4-15 和图 4-16 所示。

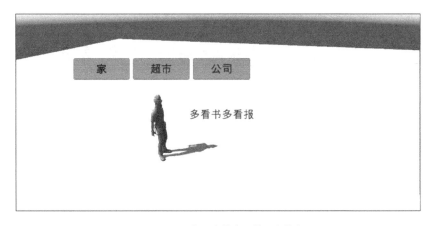

▲图 4-11 "家"大状态下的看书状态

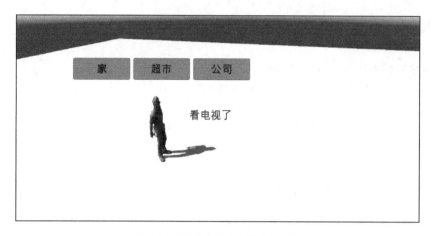

▲图 4-12　"家"大状态下的看电视状态

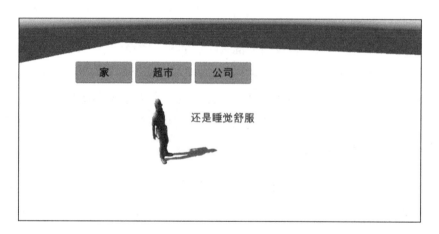

▲图 4-13　"家"大状态下的睡觉状态

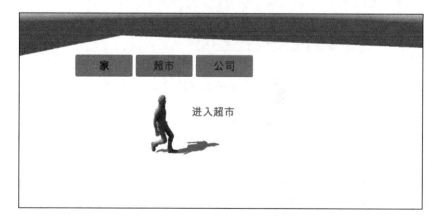

▲图 4-14　人物切换到"超市"大状态

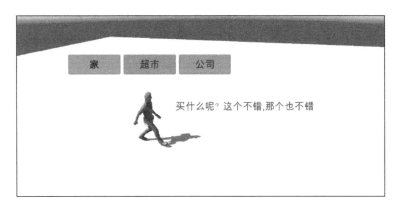

▲图 4-15 "超市"大状态下的挑选东西状态

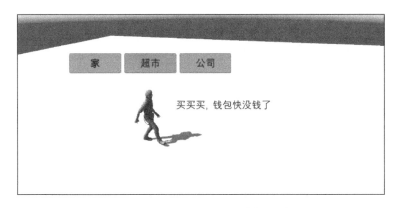

▲图 4-16 "超市"大状态下的购买状态

接下来,单击"公司"按钮,发现人物显示切换到"公司"大状态(见图 4-17)。同时,在这个大状态里面,切换到打卡和工作这两个小状态,具体如图 4-18 和图 4-19 所示。

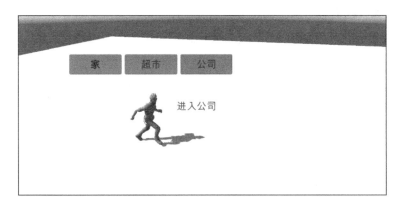

▲图 4-17 人物切换到"公司"大状态

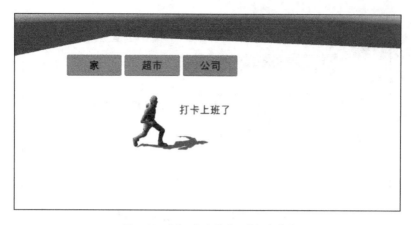

▲图 4-18 "公司"大状态下的打卡状态

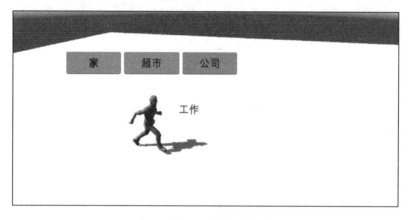

▲图 4-19 "公司"大状态下的工作状态

可以发现玩家控制的角色在这个大状态机下面有条不紊地切换着自己的状态,角色的睡觉状态必须要在"家"这个大状态下面才可以呈现。要想切换到睡觉这个小状态,就要先切换到睡觉状态所在的大状态下面。在"家"这个大状态下面,角色可以执行看书、看电视这几个小状态,这几个小状态是封闭在"家"里面的,保证了和外界的封闭安全性。要想在"家"和"超市"这些大状态之间切换,只须单击按钮切换到对应的大状态下面即可。

通过整理就会发现目前的设计非常直观,同时更加便于读者理解。如果后面要添加新的小状态 e,首先检查这个状态 e 能否放在当前拥有的大状态 A、B、C 下面,如果可以就直接放入。如果不能放入,就增加一个新的大状态 E,将新增的小状态 e 放在大状态 E 里面即可。这样既保证了内部的统一性,同时也方便了后续的扩展。

2. 栈

在《王者荣耀》这款游戏中，经常会遇到下面的情况：玩家的超级兵分 3 路向敌方防御塔进攻，开始进入前进状态 A。如果超级兵在前进过程中遇到敌人就要去追击，并进入追击状态 B。当敌人在超级兵的攻击范围内时，超级兵就要进入到战斗状态 C。当敌人逃跑后，超级兵需要回到最初的前进状态 A，即向敌方防御塔进攻。从退出 A 状态之后，经过一圈又要回到了之前的 A 状态。在这个循环中包含了多个中间状态，这些中间状态打破了超级兵之前的进攻状态，具体流程如图 4-20 所示。

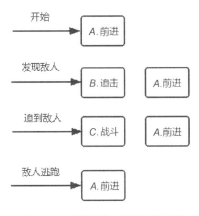

▲图 4-20　超级兵进攻过程中的流程

通过观察可以发现这一过程中需要维护超级兵的状态列表，用来存储超级兵当前的状态。很明显，这里面是先进后出的情况，所以需要使用栈来处理。

为了方便大家理解，这里简化一下思路，还是举个烧饭的示例。饥肠辘辘的我们回到了家中准备做一顿丰盛的大餐，这个时候发现没有盐了，就得立刻停下当前的行为，先去超市买点盐，然后回来炒菜。这个过程就是这么简单，那么如何用栈实现这一过程呢？首先，将刚才的流程在图上画出来，如图 4-21 所示。

将"家"和"超市"两个生活场景看作两个大状态，现在正处于"家"这个状态 A。当需要有新的状态"超市" B 要临时插入进来的时候，需要将当前的状态 A 入栈，开始进入状态 B，在状态 B 结束之后，需要将栈中的 A 状态移出，接着进入 A 状态。现在将这个过程使用代码实现，将在家的状态修改为如下代码。

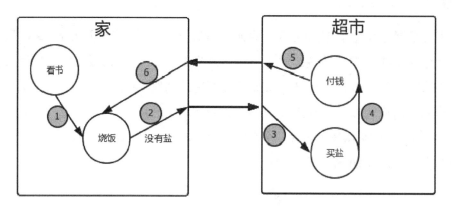

▲图4-21　炒菜中缺少食材的流程图

```
public class HFSMHome : HFSMBase
{
    public enum HomeState
    {
        None,
        ReadBook,
        Cook,
    }
    private HomeState homeState;
    private float homeTime = 0;
    /// <summary>
    /// 进入状态
    /// </summary>
    /// <param name="_state"></param>
    protected override void OnEnterState(Place _state)
    {
        if (homeState == HomeState.None)
        {
            homeTime = 0;
        }
        Debug.LogWarning("进入家");
        doHome();
        SetText("进入家");
    }
```

```csharp
/// <summary>
/// 退出状态
/// </summary>
/// <param name="_state"></param>
protected override void OnExitState(Place _state)
{
    if (homeState == HomeState.None)
    {
        homeTime = 0;
    }
    Debug.LogWarning("离开家");
    SetText("离开家");
}

/// <summary>
/// 更新状态
/// </summary>
public override void OnUpdateState()
{
    homeTime += Time.deltaTime;
    switch (homeState)
    {
        case HomeState.None:
            {
                homeState = HomeState.ReadBook;
            }
            break;
        case HomeState.ReadBook:
            {
                if (homeTime > 3)
                {
                    //读完书了，开始烧饭
                    homeTime = 0;
                    homeState = HomeState.Cook;
                }
                else if (homeTime > 1)
```

```
                    {
                        //烧饭之前先读书
                        doReadBook();
                    }
                }
                break;
            case HomeState.Cook:
                //开始烧饭
                if (!doCook())
                {
                    if (homeTime > 2)
                    {
                        //添加一个去超市的状态
                        controller.AddStateStack(HFSMBase.Place.Shop);
                        return;
                    }
                    SetText("没有盐了");
                }
                else
                {
                    //材料齐全，开始烧饭
                    SetText("正在烧饭");
                }
                break;
        }
    }
}
```

修改后的 HFSMHome 类和之前的不同之处在于，里面增加了一个小状态机 HomeState。HomeState 状态机里面包含了初始状态、看菜谱、炒菜三个状态，枚举类型具体如下。

```
public enum HomeState
{
    None,
    ReadBook,
    Cook,
}
```

一开始的时候，我们需要看菜谱来学习怎么炒菜，然后开始做菜。当我们做菜的时候发现没有盐了，就需要从当前的大状态"家"切换到"超市"状态，如下所示。

```
case HomeState.Cook:
//开始烧饭
if (!doCook())
{
    if (homeTime > 2)
    {
        //添加一个去超市的状态
        controller.AddStateStack(HFSMBase.Place.Shop);
        return;
    }
    SetText("没有盐了");
}
else
{
    //材料齐全，开始烧饭
}
break;
```

下面看看 AddStateStack 这个函数是如何实现的。如果我们在烧饭这个小状态里面发现材料不足，就跳转到"超市"大状态机里面，具体代码如下。

```
/// <summary>
/// 添加一个新状态
/// </summary>
/// <param name="place"></param>
public void AddStateStack(HFSMBase.Place place)
{
    mStateStack.Push(place);
    ChangeState(place);
}
```

既然把当前"家"的大状态放入栈里了，接下来就查看"超市"这个大状态里面是如何处理的，具体如下所示。

```
/// <summary>
/// 更新状态
/// </summary>
public override void OnUpdateState()
{
    shopTime += Time.deltaTime;
    if (shopTime > 3)
    {
        //买好东西了，开始付钱
        doPay();
        HFSMBag.SetSalt(5);
        controller.QuitState();
    }
    else if (shopTime > 2)
    {
        //开始买东西
        doBuySalt();
    }

}
```

在"超市"状态里面，需要执行挑选食材和付钱的操作。当付完钱之后，退出当前状态，由于最外层的状态机管理器里面存放了"家"这个大状态，因此需要将它取出来。然后，取出状态，把接着执行的操作交给大状态机。这个最外层的状态机管理器需要是一个栈的结构，它用来存储当前状态机的状态，具体实现方式如下。

```
/// <summary>
/// 大状态机栈
/// </summary>
private Stack<HFSMBase.Place> mStateStack = new Stack<HFSMBase.Place>();
```

既然有存储进栈的操作，那么肯定要有一个退栈的操作，即退出当前状态的函数。这个函数里面的主要操作是从当前的"超市"状态退出，接着取出栈里面的"家"状态，然后执行里面暂停的行为——"炒菜"。具体代码如下所示。

```
/// <summary>
/// 退出当前状态
/// </summary>
/// <param name="place"></param>
public void QuitState()
{
    //退出当前状态
    if (mStateStack.Count > 0)
    {
        mStateStack.Pop();
    }

    //切换到下一个状态
    if (mStateStack.Count > 0)
    {
        mStateStack.Pop();
        ChangeState(beforeState);
    }
}
```

将上面的代码添加完之后，运行代码，结果如图 4-22 和图 4-23 所示。

在"家"状态里面切换到看烹饪书的状态——准备做西红柿炒蛋。结果在做菜的时候，突然发现没有盐了，怎么办呢？当然是停下目前的操作，去超市买食材，于是就会看到图 4-24 所示的状态。

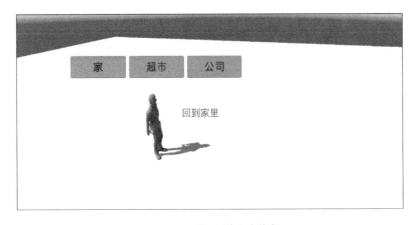

▲图 4-22 进入"家"大状态

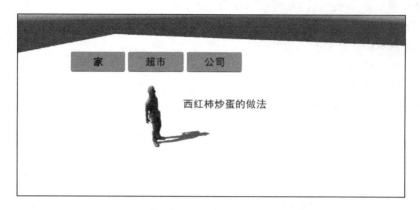

▲图 4-23　在"家"大状态里看西红柿炒蛋的做法

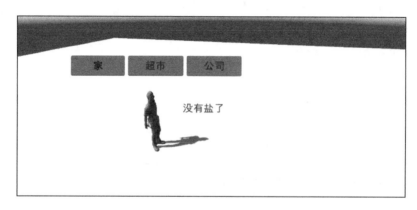

▲图 4-24　在"家"大状态里面没有盐的状态

　　在缺少食材的情况下，程序切换到了"超市"这个大状态。先后切换到买盐状态和付钱状态，如图 4-25 和图 4-26 所示。

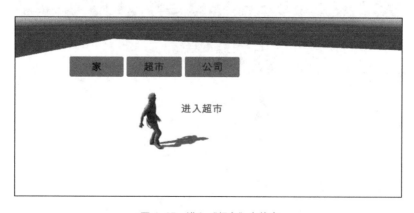

▲图 4-25　进入"超市"大状态

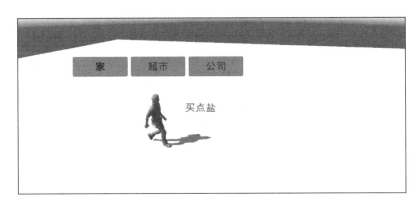

▲图 4-26　在"超市"大状态里面买盐的状态

　　经过上面的操作之后，炒菜的食材已经准备好，这个时候返回之前暂停的"家"这个状态，接着返回炒菜这个状态。可以发现这里直接跳过了炒菜之前的看书状态，具体如图 4-27 所示。

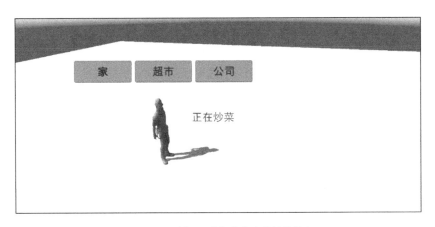

▲图 4-27　返回"家"大状态的炒菜状态

　　至此，有限状态机就介绍完了。状态机按照层次主要分为单层和多层两种。多层状态机其实就是添加了一个管理者，这个管理者用来处理大状态机，小状态机用于实现内部控制。类似于 CEO 管理各个部门，各个部门主管管理各个工作室，这样的分层管理模式避免了权力过度集中。让 CEO 直接管理全公司上千号人，相信就记名字这一件事就够伤脑筋的了。这里只介绍了两层的状态机。实际上，它还可以扩展为 3 层、4 层，具体视情况而定。一般不建议设置太多层，这不方便维护。

其实这个状态机可以不用在准备食材的时候就切换到"超市"场景。有一个更加好的方法是在炒菜的状态开始的时候先做一些准备工作——检查食材是否齐全。如果不齐全，就先去超市买，等东西都准备好之后再开始切换到"家"场景中的炒菜状态。这里仅仅提供一个思路。当然，业务复杂之后，还是要考虑这些情况的。很多时候需要读者能够根据项目情况选择合适的设计思路。解决问题的方法总是有很多种，这里仅抛砖引玉。

第5章　行为树

通过第 4 章的介绍，相信读者对层次化状态机已经有了一定的了解。层次化状态机是将一些状态划分成一个大状态，它提供了可重用的跳转条件，但是我们发现每一个子状态通常只能包含在一个大状态里面。如果大状态 A、B 里面同时包含了一个相同的子状态 c，那么必须要分别为 A、B 实例化两个不同的子状态。举个例子，当我们在家里面的时候可以切换到吃饭和睡觉两个状态，但是我们在公司也可以在中午的时候切换到吃午饭和睡午觉两个状态，吃饭和睡觉这两个状态其实是相同的，但是我们实例化了两个状态。还有一个问题是大状态机的跳转要考虑很多子状态的情况，手动修改这些状态的跳转非常麻烦。举个例子，第 4 章介绍了在家烧饭的例子，如果发现食材不够，就需要先去超市买东西，然后再回来，接着返回炒菜这个状态，这里面就需要保存很多临时的状态信息。在"超市"场景中的买东西逻辑既有可能是从之前某个状态切换过来的，也有可能仅仅是单纯的买东西逻辑。如果不能够很好地规划这些状态之间的关系，很难在不修改代码的情况下完成新的逻辑。因此我们迫切需要一个新的设计思路来改进这些缺点。

我们现在的首要任务就是要找出一个高度模块化的设计，使得代码可以通过配置来完成新的逻辑，而行为树正好满足这些需求。行为树去掉了状态之间的跳转逻辑，它将状态变成了行为。不同的行为跳转是通过父节点的类型来决定的。如果想改变执行的顺序，可以将对应的行为节点挂在不同的父节点下面，也可以调整子节点的顺序。通过增加节点的类型来复用公共的子行为。

5.1 行为树简介

行为树类似于一棵树，它有树根、树枝、树叶。树根就是树的根节点，后面的树枝（组合节点、装饰节点、条件节点等）和树叶（行为节点）都是在后面延伸的。因为它是树状结构的，所以很方便后面的程序扩展。其中有一些通用的树叶（行为节点）还可以直接复用，非常方便。通过图 5-1 可以了解行为树的结构。

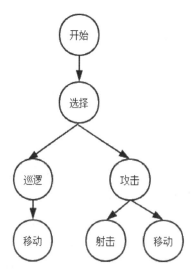

▲图 5-1　行为树示意图

图 5-1 中的"巡逻"和"攻击"都是决策节点，"巡逻"节点下面包含了"移动"的行为。同时"攻击"节点下面也需要"移动"这个行为，那要怎样复用这个节点呢？这里只需要复制"移动"节点，然后将其挂在"攻击"节点下面，这样就复用了这个"移动"节点并组合出了一个新的策略。需要注意的是，最下面一层的节点都是树叶，即行为节点，它们的后面是没有子节点的。行为树的规则就是复用这些行为节点，然后给这些行为节点添加不同的父节点来组合出新的策略。比如，如果我们在学校的时候早上晚起床了，来不及在食堂吃完饭再去上课，那么就需要边走边吃，这时走路和吃饭两个行为就是并行执行的。只需要给走路和吃饭这两个行为节点添加一个并行执行的父节点就可以实现这个操作，听起来是不是更加简单？

行为树和状态机的最大差别就是行为树通过条件触发各个行为，达到什么条件，就执行什么行为。这样的好处是可以将每个行为单独提取出来，单独配置，后面只需要添加相应的条件就可以定制不同的行为，相当于数据驱动的模式。这里的数据驱动是指通过添加各种不同的条件去驱动。就好比大家同样乘坐地铁 1 号线（树），在到达不同站点（节点）的时候，有的人下车去接小孩（行为），有的人去超市（行为），有的人选择不下车接着坐车。通过在一棵树上添加不同的树枝，来执行不同的策略。

5.2 行为树的实现

行为树的结构有助于控制流程的跳转，但是流程执行结束后要跳转到哪里呢？即后面的决策需要怎么执行是个问题。其实行为树提供了一个非常好的机制，那就是每个行为节点都有一个返回状态，用于告诉父节点当前的行为执行之后的结果是成功的还是失败的。父节点根据这些反馈来决定下一环节该怎么走。打个比方，现在要去攻击某个敌人，此时角色需要一直执行攻击敌人的行为，那么这个行为需要一直处于 Running 状态。如果敌人这个时候展示了一个闪现技能逃跑了，攻击的行为就需要向父节点返回一个结果——追击失败。父节点（可以想象成我们的大脑）就需要根据反馈抉择后面的策略——不要追了，快回来守水晶，这个时候行为树就执行了另一条分支。根据行为树的思想，写了一个简单的行为树框架（参见 GitHub 网站）。下面将详细介绍其中行为树程序设计的思想。

在行为树结构里，父节点需要根据当前子节点的执行结果来决定后面应该要执行哪条分支，那么具体需要哪些结果呢？首先，肯定要有成功和失败这两个状态。然后，还需要一个初始状态。这已经有 3 个状态了。这里要着重提一下行为树中一个特别的执行结果——Running 状态（进行中状态）。为什么需要 Running 这个返回结果呢？游戏中经常会有这样一个策略——地图中的怪物一开始在原地巡逻，一旦附近有敌人靠近，怪物就会移动过去攻击敌人，当敌人逃出怪物视野的时候，就会接着切换到巡逻状态。也就是说，我们需要一个一直处于 Running 状态的行为树，而不是执行一遍就结束了。Running 状态是行为树的一大亮点，是否有 Running 状态也是区别行为树和决策树的一个地方，即连续性。

下面看一下行为树的具体实现。首先，需要 4 个枚举来表示行为树的 4 种状态，具体代码如下。

```
/// <summary>
/// 行为树的执行结果
/// </summary>
public enum Bt_Result
{
    NONE,
    SUCCESSFUL,  //成功
    FAIL,  //失败
    RUNING,  //进行中
}
```

　　这里要求树的每个节点都需要定时对自身的行为进行反馈，就像每个人需要每天定时向领导汇报你的工作一样。要实现这个结果，可以让所有的节点都继承一个基类，这个基类需要一个专门返回结果的函数 doAction。所有需要返回结果的行为都要重载这个函数，具体代码如下。

```
/*
 * 父节点
 * 任何节点执行后，必须向其父节点报告执行结果：成功/失败
 * 应用这简单的成功/失败汇报原则可以巧妙地控制整棵树的决策方向
 * 具体分为组合节点、装饰节点、条件节点和行为节点
 */
namespace lemon_bt_CShape
{
    public abstract class Bt_Node
    {
        /// <summary>
        /// do action
        /// </summary>
        public virtual Bt_Result doAction()
        {
            return Bt_Result.NONE;
        }
    }
}
```

如上所示，这里给每个节点定义了一个 doAction 函数，后面的每个节点在返回执行结果的时候，都需要在这里面进行相应的判断。如果这个节点下面还有子节点，那么就要根据子节点返回的结果，来决定当前需要返回的结果。当自己是行为节点时，只需要根据自身情况来返回对应结果即可。比如，在射击行为中，如果执行之后就结束了，只需要返回 Success 结果即可。如果执行的是巡逻行为，就要一直返回 Running 结果。当执行攻击行为的时候，如果敌人在攻击范围内就要一直追击，同时返回 Running 状态，一旦敌人不在攻击范围内，就要返回 Fail 状态。

5.2.1　组合节点

组合节点（Composite Node）是将选择、顺序、并行等多个节点组合在一起的一个根节点。什么意思呢？既然这是一棵行为树，就肯定需要一个决策者，这里就通过一个组合节点来实现决策。如果要在十字路口做一个选择，这个组合节点就是用来决定后面要走哪条路的，这时还需要选择节点。如果要做菜，就要按照顺序先洗菜、切菜，然后才能够开始炒菜，这时就需要顺序节点。如果需要小兵执行追击行为，就要并行地移动和攻击，这时就需要并行节点。把这 3 个节点类型放在了组合节点下面，可以把组合节点设置成一个列表，里面包含多个节点，具体结构如图 5-2 所示。

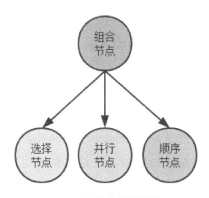

▲图 5-2　组合节点的结构

组合节点比较简单，它仅仅是一些节点的容器，只需要用列表保存即可。具体示例代码如下。

```
/*
 * 组合节点，其实它按复合性质还可以细分为 3 种
```

```
 *  对于选择节点:一真则真,全假则假
 *  对于顺序节点:一假则假,全真则真
 *  对于并行节点:并发执行
 */

using System.Collections.Generic;
namespace lemon_bt_CShape
{
    public class Bt_Composite : Bt_Node
    {
        protected List<Bt_Node> children;
        public Bt_Composite()
        {
            children = new List<Bt_Node>();
        }
        public void addChild(Bt_Node node)
        {
            this.children.Add(node);
        }
    }
}
```

　　组合节点提供了一个添加子节点的 addChild 函数,把参数传入一个节点即可。可以认为组合节点就是一个存放节点的节点。

1. 选择节点

　　当存在多条分支的时候选择节点(Selector Node)多用于选择某条分支。比如之前提到的当周末在家的时候,我们是选择玩游戏还是做作业呢？在同一时刻必须要选择一个行为。也就是说,选择节点是专门用来进行互斥选择的,选择节点的特性就决定了它的返回结果的形式。选择节点的子节点只能有一个执行。也就是说,只要有一个返回成功了,后面的就不需要执行了,直接向父节点返回成功的结果就行。如果周末的时候家长给孩子安排了补习班,那么孩子是不是既不能够选择玩游戏也不可以选择做作业？如果两个分支都返回了 False,那就只好向父节点返回 False。一旦有一个节点返回 True,那么这个分支就返回 True。用一句话概括就是——一真则真,全假则假。如图 5-3 所示,行为 1 执行成功之后,就直接返回成功；后面的行为 2 就不需要执行了，选择节点直接向它的上层节点（如果有上层节点的话）返回成功。

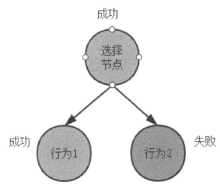

▲图 5-3　选择节点返回成功

所以选择节点的示例代码如下。

```
/*
 * 选择节点
 * 当执行本类型节点时，它将从 begin 到 end 迭代执行自己的子节点：
 * 如果遇到一个子节点执行后返回 True，就停止迭代，
 * 本节点向自己的父节点也返回 True；否则，所有子节点都返回 False，
 * 本节点向自己的父节点返回 False
 */

namespace lemon_bt_CShape
{
    public class Bt_Select : Bt_Composite
    {

        private int index;

        public Bt_Select()
        {
            reset();
        }
```

```csharp
public override Bt_Result doAction()
{
    if (this.children == null || this.children.Count == 0)
    {
        return Bt_Result.FAIL;
    }

    if (index >= this.children.Count)
    {
        reset();
    }

    Bt_Result _result = Bt_Result.NONE;
    for (int length = this.children.Count; index < length;
    ++index)
    {
        _result = this.children[index].doAction();

        if (_result == Bt_Result.SUCCESSFUL)
        {
            reset();
            return _result;
        }
        else if (_result == Bt_Result.RUNING)
        {
            return _result;
        }
        else
        {
            continue;
        }
    }

    reset();
    return Bt_Result.FAIL;
}
```

```
        private void reset()
        {
            index = 0;
        }
    }
}
```

在这里针对一些特殊情况做了一些调整，当没有子节点时就返回失败。如果有子节点处于进行中的状态，就返回 Running 结果。顺序执行每条分支，然后对分支的结果进行相应的判断来决定是终止判断直接返回，还是接着执行下一条分支。

2. 顺序节点

顺序节点（Sequence Node）表示按照顺序执行后面的分支。当分支返回 False 时，就不再执行。举个例子，就好比我们要做一道菜，首先要有菜、有调料、有锅等必需品。所以在做菜之前就要检查每个环节是否都准备好了。如果我们发现食材都齐全了，但是没有锅，那也要终止这个炒菜行为。只有万事俱备，才可以返回成功的结果。只要有一个分支执行失败，这个分支的执行结果就是失败的。只有当所有的节点都执行成功了，这个分支才是执行成功的。顺序节点的特点这里也用一句话概括——一假则假，全真则真。具体的流程图如图 5-4 和图 5-5 所示。

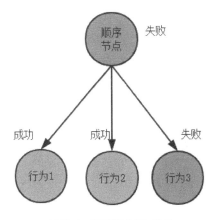

▲图 5-4　顺序节点返回失败

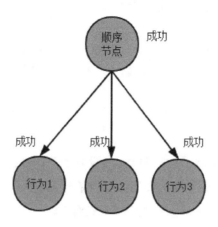

▲图 5-5　顺序节点返回成功

　　按照这个思路设计的示例代码如下所示。

```
/*
 * 顺序节点
 * 当执行本类型节点时，它将从 begin 到 end 迭代执行自己的子节点:
 * 如果遇到一个子节点执行后返回 False，就停止迭代,
 * 本节点向自己的父节点也返回 False; 否则，所有子节点都返回 True,
 * 本节点向自己的父节点返回 True
 */

namespace lemon_bt_CShape
{
    public class Bt_Sequence : Bt_Composite
    {
        private int index;

        public Bt_Sequence()
        {
            reset();
        }

        public override Bt_Result doAction()
        {
            if (this.children == null || this.children.Count == 0)
```

```
    {
        return Bt_Result.FAIL;
    }

    if (this.index >= this.children.Count)
    {
        reset();
    }

    Bt_Result _result = Bt_Result.NONE;
    for (int length = this.children.Count; index < length;
    ++index)
    {
        _result = this.children[index].doAction();
        if (_result == Bt_Result.FAIL)
        {
            reset();
            return _result;
        }
        else if (_result == Bt_Result.RUNING)
        {
            return _result;
        }
        else
        {
            continue;
        }

    }

    reset();
    return Bt_Result.SUCCESSFUL;
}

private void reset()
{
    this.index = 0;
```

```
                }
            }
        }
```

　　这里同样针对部分情况做了特殊处理,当顺序节点没有子节点的时候返回失败。如果子节点存在 Running 状态,就直接返回 Running 状态。举个例子,现在开始炒菜,由于在准备食材的时候需要洗菜,而且洗菜这个过程是一个持续过程,不是一下就洗好的。因此就要等洗好并返回了成功才能够执行后面的分支。所以一旦有 Running 状态就返回 Running 状态。当然,根据具体的情况,也可以自定义自己的顺序节点,将其修改为若当前有 Running 状态就跳过这个节点,接着执行下面的行为。这个可以根据实际情况添加新的顺序节点来控制。

3. 并行节点

　　并行节点(Parallel Node)的含义就是同时执行多个分支。比如,我们弹钢琴的时候,每个音符都表示一个单独的声音,如果同时按下两个音符,就会发出另外一种声音。在实际过程中也会遇到这种情况,那么就需要有并行执行的操作。那如何根据这些并行分支的返回结果来确定最终的返回结果呢?并行节点大致分为并行选择节点(Parallel Selector Node)和并行顺序节点(Parallel Sequence Node)。并行选择节点的执行结果是一假则假,全真则真。并行顺序节点的执行结果是一真则真,全假则假。并行节点的示例代码如下。

```
/*
 * 并行节点
 * 并发执行它的所有子节点
 * 而向父节点返回的值和父节点所采取的具体策略相关
 * 并行选择节点:一 False 则返回 False,全 True 才返回 True
 * 并行顺序节点:一 True 则返回 True,全 False 才返回 False
 * 并行混合节点:指定数量的子节点返回 True 或 False 后才决定结果
 * 并行节点:提供了并发性,提高了性能
 * 不需要像选择节点/顺序节点那样预判哪个子节点应放在前,哪个放在后
 * 并行节点常用于并行的多棵 Action 子树,或者
 * 在并行节点下挂一棵子树,并挂上多个子节点,
 * 以提供实时性和提高性能
 * 并行节点在提升性能和提供方便性的同时,也增加实现成本和维护复杂度
 */
```

```
namespace lemon_bt_CShape
{
    public class Bt_Parallel : Bt_Composite
    {
        public Bt_Parallel()
        {

        }
    }
}
```

这里提供了一个并行节点的基类，用于并行选择节点和并行顺序节点继承。

（1）并行选择节点

并行选择节点的执行结果是一假则假，全真则真。这和之前提到的选择节点的执行结果（一真则真，全假则假）是完全反过来的。那为什么会需要这种节点类型呢？和炒菜的案例一样，当所需要的食材中有一个没有准备好时，就无法进入下一个环节，必须要保证所有的条件都满足，才能够执行后面的炒菜行为。

并行选择节点需要继承自并行节点，同时需要针对节点的特点做一些调整，具体的示例代码如下。

```
/*
 * 并行节点
 * 并发执行它的所有子节点
 * 而向父节点返回的值和并行节点所采取的具体策略相关
 * 并行顺序节点：一 False 则返回 False,全 True 才返回 True
 */

using System.Collections.Generic;
namespace lemon_bt_CShape
{
    public class Bt_ParallelSelector : Bt_Parallel
    {
        private List<Bt_Node> m_pWaitNodes;
```

```
        private bool m_pIsFail;
        public Bt_ParallelSelector()
        {
            m_pWaitNodes = new List<Bt_Node>();
            m_pIsFail = false;
        }


        public override Bt_Result doAction()
        {
            if (this.children == null || this.children.Count == 0)
            {
                return Bt_Result.FAIL;
            }


            Bt_Result _result = Bt_Result.NONE;
            List<Bt_Node> _waitNodes = new List<Bt_Node>();
            List<Bt_Node> _mainNodes = new List<Bt_Node>();
            _mainNodes = this.m_pWaitNodes.Count > 0 ? this.m_pWaitNodes :
            this.children;
            for (int i = 0, length = _mainNodes.Count; i < length; ++i)
            {
                _result = _mainNodes[i].doAction();
                switch (_result)
                {
                    case Bt_Result.SUCCESSFUL:
                        break;
                    case Bt_Result.RUNING:
                        _waitNodes.Add(_mainNodes[i]);
                        break;
                    default:
                        m_pIsFail = true;
                        break;
                }
            }

            // 存在等待节点就返回等待节点
            if (_waitNodes.Count > 0)
```

```
            {
                this.m_pWaitNodes = _waitNodes;
                return Bt_Result.RUNING;
            }

            // 检查返回结果
            _result = checkResult();
            reset();
            return _result;
        }

        private Bt_Result checkResult()
        {
            return m_pIsFail ? Bt_Result.FAIL : Bt_Result.SUCCESSFUL;
        }

        private void reset()
        {
            this.m_pWaitNodes.Clear();
            this.m_pIsFail = false;
        }
    }
}
```

这里多了一个等待列表，里面包含了当前的等待节点。当有多个分支处于 Runing 状态的时候，需要等待这几个分支的执行结果。当所有分支都返回 True，才返回 True；否则就返回 False。

（2）并行顺序节点

并行顺序节点的执行结果是：一真则真，全假则假。这个特点和选择节点类似。读者可能疑惑了，既然有现成的节点类型可以使用，那为什么还要增加一个这样的节点类型呢？举个例子，现在要去找一个人，但是人海茫茫，怎么才能够快速地找到这个人呢？这个时候需要发动自己的亲朋好友，让他们同时去找。一旦有一个朋友找到了这个人，他向父节点汇报成功，那么父节点就可以给别人打电话告诉他们人已经找到了，大家可以回来了。这个情况下

使用这个并行顺序节点是不是非常合适？同样，并行顺序节点也需要继承自并行节点，具体
示例代码如下。

```
/*
 * 并行节点
 * 并发执行它的所有子节点
 * 而向父节点返回的值和父节点所采取的具体策略相关
 * 并行顺序节点:一 True 则返回 True,全 False 才返回 False
 */

using System.Collections.Generic;
namespace lemon_bt_CShape
{
    public class Bt_ParallelSequence : Bt_Parallel
    {
        private List<Bt_Node> m_pWaitNodes;
        private bool m_pIsSuccess;
        public Bt_ParallelSequence()
        {
            m_pWaitNodes = new List<Bt_Node>();
            m_pIsSuccess = false;
        }

        public override Bt_Result doAction()
        {
            if (this.children == null || this.children.Count == 0)
            {
                return Bt_Result.SUCCESSFUL;
            }

            Bt_Result _result = Bt_Result.NONE;
            List<Bt_Node> _waitNodes = new List<Bt_Node>();
            List<Bt_Node> _mainNodes = new List<Bt_Node>();
            _mainNodes = this.m_pWaitNodes.Count > 0 ? this.m_pWaitNodes :
            this.children;
            for (int i = 0, length = _mainNodes.Count; i < length; ++i)
```

```
    {
        _result = _mainNodes[i].doAction();
        switch (_result)
        {
            case Bt_Result.SUCCESSFUL:
                this.m_pIsSuccess = true;
                break;
            case Bt_Result.RUNING:
                _waitNodes.Add(_mainNodes[i]);
                break;
            default:
                break;
        }
    }

    // 存在等待节点就返回等待节点
    if (_waitNodes.Count > 0)
    {
        this.m_pWaitNodes = _waitNodes;
        return Bt_Result.RUNING;
    }

    // 检查返回结果
    _result = checkResult();
    reset();
    return _result;
}

private Bt_Result checkResult()
{
    return this.m_pIsSuccess ? Bt_Result.SUCCESSFUL : Bt_Result
    .FAIL;
}

private void reset()
{
    this.m_pWaitNodes.Clear();
```

```
            this.m_pIsSuccess = false;
        }
    }

}
```

并行顺序节点同样加入了一个等待节点列表。当等待节点或者别的节点返回 True 的时候，就返回 True。等待状态的节点就跳过检查，直到有节点返回 True。如果等到处于 Running 状态的节点返回的都是 False，不是处于等待的节点也返回 False，就只能返回 False 了。

5.2.2　装饰节点

装饰节点（Decorator Node）一般用来修饰判断。这个修饰可以是"直到……成功"或者"直到……失败"。装饰节点可以用作定时器或者在巡逻的时候用来让角色一直处于巡逻状态，直到有敌人靠近才停止巡逻。它类似于 Until 的用法。装饰节点用得也比较多，示例代码如下。

```
/*
 * 装饰节点
 */

using System.Collections.Generic;
namespace lemon_bt_CShape
{
    public class Bt_Decorator : Bt_Node
    {
        private Bt_Node child;
        public Bt_Decorator()
        {
            child = null;
        }

        protected void setChild(Bt_Node node)
        {
            this.child = node;
```

```
                }
            }
        }
```

装饰节点没有写具体的返回 True 和 False 的结果，而是空出来留给后面继承自装饰节点的某个具体的实例去做。后面的例子会展示如何使用装饰节点。

5.2.3　条件节点

条件节点（Condition Node）表示在满足某个条件时就可以继续执行。它只需要一个条件判断，这个比较简单。如果要判断敌人是否离玩家很近，就需要一个简单的判断逻辑，具体示例代码如下。

```
/*
 * Condition node.
 */

namespace lemon_bt_CShape
{
    public class Bt_Condition : Bt_Node
    {
        public override Bt_Result doAction()
        {
            return Bt_Result.FAIL;
        }
    }
}
```

条件节点默认返回失败，后面需要根据具体的情况来判断是返回成功还是失败。这个条件一般只有两种结果：成功和失败。它不会有 Running 状态。

5.2.4　行为节点

行为节点（Action Node）是最底层的节点，也就是树的叶子，它是行为树最终的执行者，类似于前进和跳跃等具体的行为。行为节点没有子节点，具体的示例代码如下。

```
/*
 * 行为节点
 * 它完成具体的一次（或一个步骤）的行为，视需求返回具体值
 * 叶子节点
 */

namespace lemon_bt_CShape
{
    public class Bt_Action:Bt_Node
    {


    }
}
```

行为节点只有一个空函数，里面的具体行为同样需要行为节点的具体实例自己实现。至此，行为树的整个思想就介绍完了，相信读者对此有了一定的理解。按照惯例还是通过几个简单的例子来看看这几个节点的使用。

5.3　行为树的示例

5.3.1　选择节点

假设现在是周末，目前需要在宅在家里和逛街中做出选择。男生一般都是选择宅在家里，但是女生喜欢逛街。这里需要从这两个行为里面选择一个。现在通过行为树的选择节点来执行这个选择行为。这里只要创建宅在家里和逛街两个行为节点即可。宅在家里的行为是 Idle 脚本，其代码如下。

```
public class Idle : Bt_Action
{
    private Animator animator;
    Bt_Result result = Bt_Result.FAIL;

    public Idle(Animator animator)
```

```
    {
        this.animator = animator;
    }

    public override Bt_Result doAction()
    {
        doIdle();
        return result;
    }

    void doIdle()
    {
        animator.SetBool("Ground",true);
        animator.SetFloat("Speed", 0f);
        LogHelper.Instance.Log("宅在家里:" + result);
    }
}
```

Idle 脚本直接继承自行为树的 Bt_Action 节点。接下来，重载 doAciton 函数。这里对于宅在家里的行为结果返回 FAIL，表示目前不想宅在家里。逛街脚本 Run 的代码如下。

```
public class Run : Bt_Action
{
        private Animator animator;

        Bt_Result result = Bt_Result.SUCCESSFUL;

        public Run(Animator animator)
        {
            this.animator = animator;
        }

        public override Bt_Result doAction()
        {
            doRun();
            return result;
        }
```

```
    void doRun()
    {
        animator.SetBool("Ground",true);
        animator.SetFloat("Speed", 5f);
        LogHelper.Instance.Log("逛街:" + result);
    }
}
```

Run 脚本里直接返回了成功。接下来，就可以使用选择节点来控制流程了。具体代码如下。

```
public class SelectSample :MonoBehaviour
{
    private Bt_Select SelectNode;

    void Start()
    {
        SelectNode = new Bt_Select();
        SelectNode.addChild(new Idle(animator));
        SelectNode.addChild(new Run(animator));
    }
}
```

代码很简单，直接创建选择节点，再把刚才创建的 Idle 和 Run 脚本作为子节点添加进去即可。操作也非常简单，现在运行代码，结果如图 5-6 和图 5-7 所示。

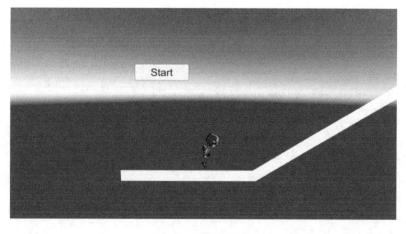

▲图 5-6 选择 Start 节点

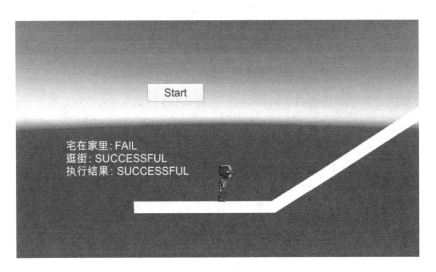

▲图5-7 选择节点优先返回成功

由于逛街节点返回了成功，因此选择节点就返回了成功。注意刚才节点的添加顺序。

```
SelectNode.addChild(new Idle(animator));
SelectNode.addChild(new Run(animator));
```

首先添加了 Idle 脚本，然后添加了 Run 脚本。按照从左到右的顺序，依次执行，首先判断宅在家里是失败的，然后执行逛街行为，发现逛街节点返回成功，因此选择节点就返回了成功。下面换个顺序，将上面的代码改成如下所示。

```
SelectNode.addChild(new Run(animator));
SelectNode.addChild(new Idle(animator));
```

首先执行逛街行为，然后执行宅在家里的行为，那么按照我们的设计思路应该首先执行逛街行为，发现逛街节点返回成功，因此选择节点直接返回成功，结束操作。具体执行结果如图5-8所示。

结果和我们的预料一样，执行完"逛街"行为，发现逛街节点返回成功，因此选择节点就返回了成功，整个行为树执行结束。

▲图5-8　选择节点先执行逛街行为

5.3.2　顺序节点

接着使用上一节的 Idle 和 Run 脚本，这里将这两个行为放在顺序节点下面，就组合成一个新的策略了，示例代码具体如下。

```
void Start()
{
    SequenceNode = new Bt_Sequence();
    SequenceNode.addChild(new Run(animator));
    SequenceNode.addChild(new Idle(animator));
}
```

和创建选择节点类似，这里首先创建一个顺序节点，然后把 Idle 和 Run 行为添加进去，直接运行代码，运行结果如图 5-9 所示。

可以发现顺序节点下的子节点按照顺序依次执行。首先，执行了逛街行为，返回 SUCCESSFUL。然后执行宅在家里的行为，返回 FAIL。由于子节点中有返回 FAIL 的，因此最终顺序节点返回 FAIL，行为树执行结束。可以看出顺序节点的执行结果符合一假则假、全真则真的特点。

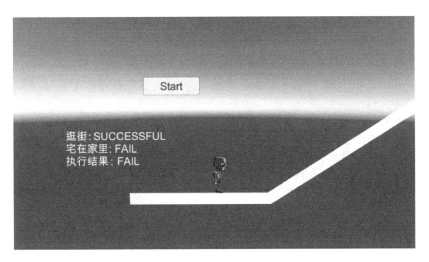

▲图 5-9　顺序节点返回 FAIL

5.3.3　并行节点

并行节点怎么实现呢？相信广大读者已经知道了。很简单，只要把刚才的 Idle 和 Run 两个行为脚本挂在并行节点下面即可。这也体现了行为树的好处，相同的功能脚本只需要复制一份就可以直接在别的地方使用，具体代码如下。

```
void Start()
{
    parallelSelector = new Bt_ParallelSelector();
    parallelSelector.addChild(new Run(animator));
    parallelSelector.addChild(new Idle(animator));
}
```

首先创建一个并行选择节点，然后执行代码，运行结果如图 5-10 所示。

下面分析结果。由于宅在家里返回了 FAIL，因此并行选择节点就返回了 FAIL。现在把 Idle 行为的结果改为 SUCCESSFUL，运行结果如图 5-11 所示。

下面分析结果。并行选择节点在 Idle 和 Run 行为都返回 SUCCESSFUL 的情况下才返回 SUCCESSFUL，在别的情况下都返回 FAIL，这和并行选择节点的执行结果一假则假、全真则真的特点相一致。由于本书篇幅的限制，这里就不一一举例了。有兴趣的读者可以按照这个思路来验证不同的节点下面的执行结果。

▲图 5-10　并行选择节点返回 FAIL

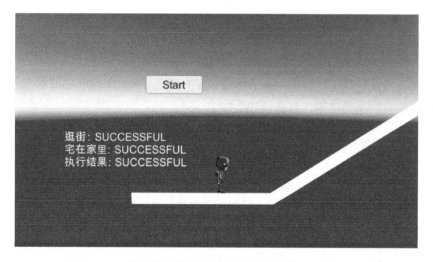

▲图 5-11　并行选择节点返回 SUCCESSFUL

　　通过这几个例子，对比行为树和状态机，可以看出行为树提供了一个树形的框架。具体的行为节点可以放在不同的父节点下，从而产生出不同的逻辑，真正地实现了高复用性，同时也很灵活。目前市面上常见的行为树有腾讯的 behaviac（参见 GitHub 网站）。还有一个付费版的行为树，它是 Unity 中常用的 AI 插件 Behavior Designer（参见 Opsive 网站）。第 6 章会着重介绍 Behavior Designer 插件的使用。在游戏的 AI 开发中会经常用到这个插件，已经熟悉该插件的读者可以直接跳过第 6 章，以后想从事游戏 AI 开发这块的读者建议看一下。

第 6 章　AI 插件 Behavior Designer

本章主要介绍一款 Unity 下的 AI 插件——Behavior Designer，它是一个可编辑各种节点的行为树插件，参见 Opsive 网站。Behavior Designer 不仅提供了很多类型的节点，同时还支持行为树的配置和保存，支持行为节点的拖曳操作和断点调试。总之，它非常方便。

6.1　AI 插件 Behavior Designer 简介

图 6-1 所示的是 Behavior Designer 运行状态下的截图。

在编辑器下，正在运行的节点会高亮显示。如果节点返回成功，就会在节点的图标上出现对号。如果节点返回失败，就会在节点上的图标上打叉。Behavior Designer 非常直观地展示了当前行为树的运行状态，在每一个行为节点上还可以添加断点，进行调试，所以在游戏开发中它深受开发者的喜爱。同时 Behavior Designer 还提供了 Movement Pack、Formations Pack、Tactical Pack 这 3 个扩展包。

- Movement Pack（移动扩展包）

Movement Pack 包含了 17 种不同的移动行为，参见 Opsive 网站。

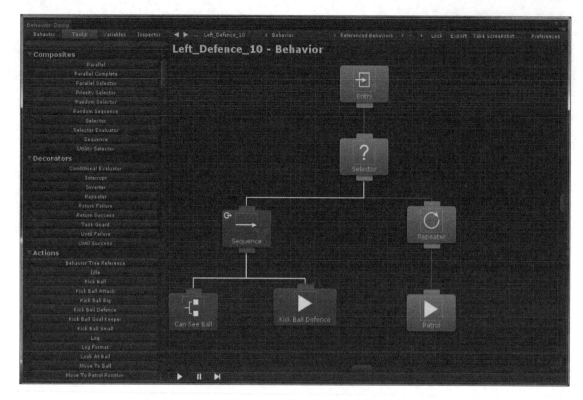

▲图 6-1　Behavior Designer 运行状态下的截图

- Formations Pack（队列扩展包）

Formations Pack 包含了 14 种团队的移动行为，参见 Opsive 网站。

- Tactical Pack（战术扩展包）

Tactical Pack 包含了 13 种不同的攻击战术，参见 Opsive 网站。

　　以上 3 个扩展包针对群体的策略，包含了多角色的巡逻、移动、攻击等。在这些群体策略中可以按照一定的阵型来移动，或者按照一定的阵型执行攻击行为，从而拥有一套完整的作战系统。这些群体策略几乎涵盖了所有的 AI 行为。Opsive 网站中都有非常详细的视频教程，对游戏 AI 感兴趣的读者可以观看。

6.2 AI 插件 Behavior Designer 的安装

从 Opsive 官方网站上可以直接下载 Unity 并安装，然后打开 Unity，按照图 6-2 所示的操作导入 Behavior Designer 插件。

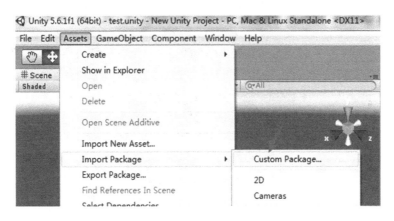

▲图 6-2　导入 Behavior Designer 插件

导入之后就可以在图 6-3 所示界面的菜单栏中选择 Tools→Behavior Designer→Editor，打开 Behavior Designer 的编辑器，如图 6-4 所示。

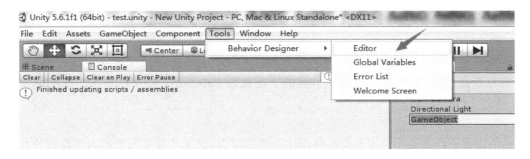

▲图 6-3　编辑器的打开方式

添加行为树节点以及设置节点之间的关联都在这个编辑器界面中操作。下面将介绍该插件中常用的选择节点、顺序节点、条件节点等。

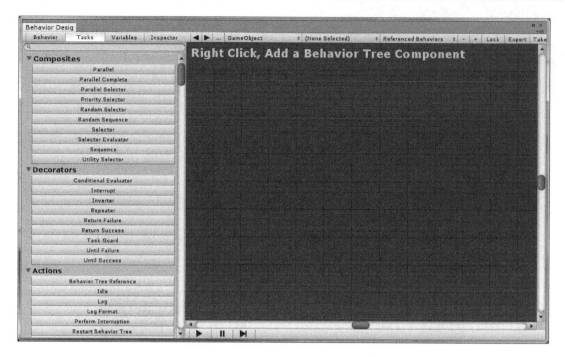

▲图 6-4　编辑器界面

6.3　选择节点

右击 Behavior Designer 的编辑器界面中的空白区域，从上下文菜单中选择 Add Task→Composites→Selector，如图 6-5 所示。

选中之后，编辑器界面中就会出现图 6-6 所示的两个节点。Entry 是行为树的开始节点，所有的节点都是它的子节点。Entry 节点的下面就是 Selector（选择）节点，它就是我们需要的。

相信读者已经猜到了后面要怎么使用这个选择节点。这里需要把两个行为节点都挂在选择节点下面。下面以一个简单的中国象棋案例来演示一下。如图 6-7 所示，我们想把"马"走到图中箭头所示的位置。但是白色的"车"正好挡住了黑色的"马"。这时就要处于等待——Running 状态，直到白色的"车"从这个地方移走。

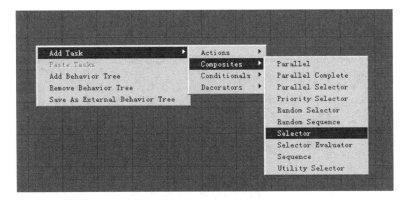

▲图 6-5　选择节点的创建

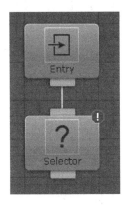

▲图 6-6　Entry 节点和 Selector 节点

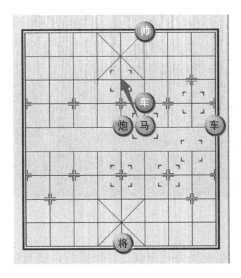

▲图 6-7　"黑"色的马无法前进

这里创建两个脚本，一个叫 Wait，另一个叫 Move。其中，Move 脚本如图 6-8 所示。

```
using BehaviorDesigner.Runtime;
using BehaviorDesigner.Runtime.Tasks;
using UnityEngine;

0 个引用
public class Move : Action
{
    //黑棋
    public SharedTransform BlackChess;
    //红棋
    public SharedTransform RedChess;

    0 个引用
    public override TaskStatus OnUpdate()
    {
        if (Mathf.Abs(RedChess.Value.localPosition.x - 90) > 10
            || Mathf.Abs(RedChess.Value.localPosition.y - 135) > 10)
        {
            BlackChess.Value.transform.localPosition = new Vector3(0, 220);
            return TaskStatus.Success;
        }
        return TaskStatus.Failure;
    }
}
```

▲图 6-8　Move 脚本

Move 脚本的功能是检测当前能否执行"马走日"策略。如果条件允许，就返回成功；否则，就返回失败。Wait 脚本具体如图 6-9 所示。

```
using BehaviorDesigner.Runtime;
using BehaviorDesigner.Runtime.Tasks;
using UnityEngine;

1 个引用
public class Wait : Action {

    //黑棋
    public SharedTransform BlackChess;
    //红棋
    public SharedTransform RedChess;

    0 个引用
    public override TaskStatus OnUpdate()
    {
        if (Mathf.Abs(RedChess.Value.localPosition.x - 90) <= 10
            && Mathf.Abs(RedChess.Value.localPosition.y - 135) <= 10)
        {
            return TaskStatus.Running;
        }
        return TaskStatus.Failure;
    }
}
```

▲图 6-9　Wait 脚本

Wait 脚本的功能是判断当前条件是否满足移动操作。如果白色的"车"没有移动就返回 Running 状态；否则，就返回失败。运行游戏，运行结果如图 6-10 所示。此时 Selector 节点下面的 Wait 节点一直处于等待状态。

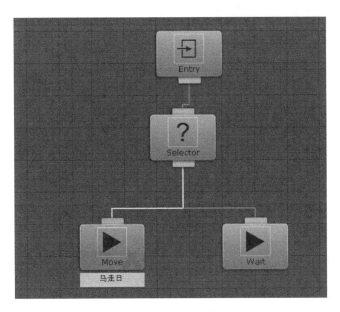

▲图 6-10　马不可前进

当我们将白色的"车"向右边移动两格后，可以发现黑色的"马"现在可以前进了，如图 6-11 所示。

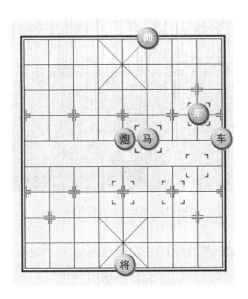

▲图 6-11　黑色的"马"可以前进了

重新运行游戏，按照行为树的逻辑，黑色的"马"向前移动，如图 6-12 所示。可以发现此时行为树执行的是 Move 行为，如图 6-13 所示。

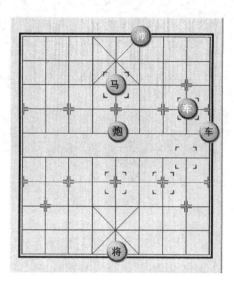

▲图 6-12   黑色的"马"前进，移动结束

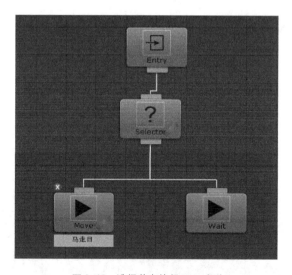

▲图 6-13   选择节点执行 Move 行为

在上面的选择节点的判断逻辑中可以发现 Move 和 Wait 两个节点有着共同的判断逻辑，只不过条件正好是相互排斥的。下面就考虑如何将这两个相同的判断逻辑拆分出来，达到重用的目的。

6.4 顺序节点和条件节点

在 Behavior Designer 的编辑器界面中的空白区域右击，从上下文菜单中选择 Add Task→Composites→Sequence，如图 6-14 所示。界面中出现的两个节点如图 6-15 所示。

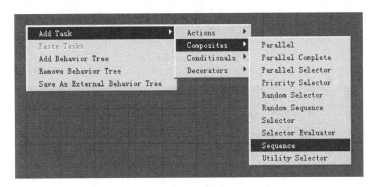

▲图 6-14　创建 Sequence 节点

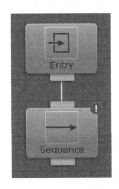

▲图 6-15　Entry 节点和 Sequence 节点

之前提到的选择节点里面的判断条件是重复的，现在就考虑如何借助顺序节点和条件节点来去除这部分重复的代码。调整一下刚才的判断逻辑，新建一个 Conditional 脚本，代码如图 6-16 所示。

这里增加了一个条件节点，用来棋子判断能否移动。下面创建一个 Auto Move 行为节点，具体代码如图 6-17 所示。

```
1 个引用
public class CanMove : Conditional {
    //红棋;
    public SharedTransform RedChess;

    0 个引用
    public override TaskStatus OnUpdate()
    {
        //没有移动;
        if (Mathf.Abs(RedChess.Value.localPosition.x - 90) <= 10
            && Mathf.Abs(RedChess.Value.localPosition.y - 135) <= 10)
        {
            return TaskStatus.Failure;
        }
        return TaskStatus.Success;
    }
}
```

▲图 6-16　Conditional 脚本

```
public class AutoMove : Action
{
    //黑棋;
    public SharedTransform BlackChess;

    0 个引用
    public override TaskStatus OnUpdate()
    {
        BlackChess.Value.transform.localPosition = new Vector3(0, 220);
        return TaskStatus.Success;
    }
}
```

▲图 6-17　Auto Move 行为节点

　　注意，条件节点里面只有判断逻辑，并没有具体行为，而 Auto Move 节点的脚本里面只有具体的行为。创建好之后在编辑器界面中的空白区域右击，从上下文菜单中选择 Add Task→Conditionals→Can Move 创建条件节点，如图 6-18 所示。接下来，将 Can Move 和 Auto Move 两个节点挂在 Sequence 节点下面，如图 6-19 所示。

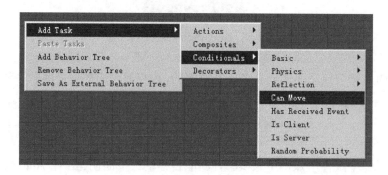

▲图 6-18　创建条件节点

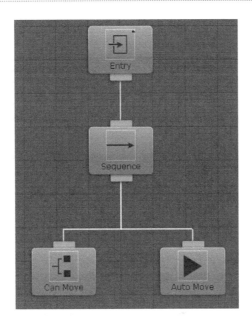

▲图 6-19　条件节点和行为节点的组合

　　运行游戏，在白色的"车"没有挡住马腿的情况下，黑色的"马"完成了移动，具体如图 6-20 和图 6-21 所示。

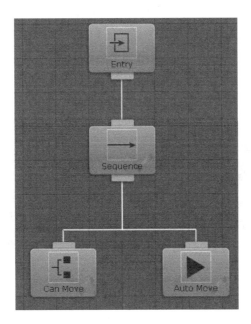

▲图 6-20　运行过程中，Sequence 节点、Can Move 节点和 Auto Move 节点返回成功

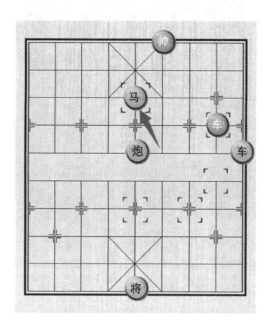

▲图 6-21　条件节点和顺序节点的执行

　　需要注意的是，我们在这个象棋游戏中使用了 SharedTransform 这个变量，它是用来给每个行为节点共享数据的。举个例子，我们现在需要知道白色"车"的位置信息，而这个信息又是随时会变更的，于是我们需要一个变量来记录下白色"车"的位置信息。因此，就需要这个 SharedTransform 变量。读者把它当作 Unity 引擎中的 Transform 变量即可，具体如图 6-22 所示。只需要将具体的物体拖曳到图 6-23 中箭头所示的地方即可。

```
using UnityEngine;

namespace BehaviorDesigner.Runtime
{
    [System.Serializable]
    43 个引用
    public class SharedTransform : SharedVariable<Transform>
    {
        public static implicit operator SharedTransform(Transform value) { return new SharedTransform { mValue = value }; }
    }
}
```

▲图 6-22　SharedTransform 变量

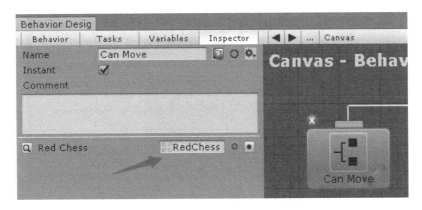

▲图 6-23 设置 RedChess 变量

像 SharedTransform 这样的变量还有很多，读者还可以使用 SharedBool、SharedInt 等变量，具体变量名如图 6-24 所示。

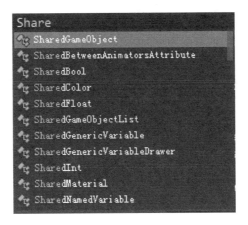

▲图 6-24 Share 变量

当然，除了上面介绍的顺序条件节点，还有大家熟知的并行节点。由于并行节点和上面的选择节点、顺序节点在使用上并没有区别，没有特别需要注意的地方，这里便不再详述。授人以鱼不如授人以渔，相信读者读了上面的知识点自己就可以举一反三。并行节点仅仅是以一个并行（Parallel）节点作为父节点而已。图 6-25 所示的是 Composites 节点下的几个节点类型。图 6-26 显示的是 Decorators 节点下的几个节点类型。

Behavior Designer 插件的具体操作就介绍到这里。插件里面还有很多比较实用的节点，由于篇幅所限，这里就不再详细讲解了。感兴趣的读者可以自己创建几个去实践一下。

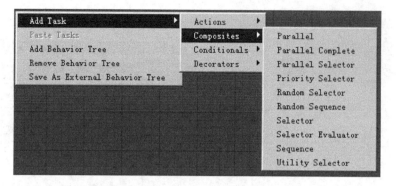

▲图 6-25　Composites 节点下的节点类型

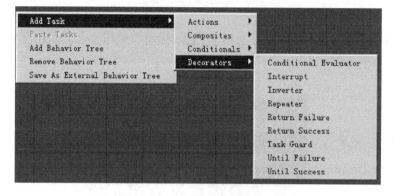

▲图 6-26　Decorators 节点下的节点类型

第7章 机器学习算法——遗传算法

说起 AI 怎么能不说机器学习算法呢？因为大部分机器学习算法的计算量都很大，所以游戏中应用得并不多。本章仅介绍一下遗传算法的基本思路和简单应用，感兴趣的读者可以研究一下其他的机器学习算法。

7.1 遗传算法的生物学知识

遗传算法（Genetic Algorithm）也称作进化算法。该算法是受达尔文进化论思想的启发而衍生出来的启发式搜索算法。这里先介绍一些简单的生物学概念，已熟悉相关生物学知识的读者可以直接跳过这一节。

● 基因（Gene）：来自希腊语，意思为"生"。本质就是携带遗传信息的遗传因子。举个例子，有一句话叫虎父无犬子，意思就是大人的一些外貌、性格等特征都会在孩子的身上得以体现，父母的特征主要就是通过基因遗传给下一代的。

● 染色体（Chromosome）：基因的主要载体，可以理解为一组基因。举个例子，人类要想得以生存，就需要居住在地球上，因为地球上有水有粮食。所以基因必须要依托于染色体才能够遗传给下一代。

- 个体：单个的生物，染色体存在于单个个体中。

- 种群：生物的进化是通过种群的形式来进行的，多个个体就组成了一个种群。

- 变异：基因在遗传给下一代的时候会有一定的概率发生基因交叉（Cross）、基因突变（Mutation）。下一代总是会遗传父辈的部分特征。但是小孩只可能很像自己的父母，并不会和父亲或者母亲长得一模一样。其中不太像的部分就可以理解为发生了基因的变异。

总之，种群包含个体，个体包含染色体，染色体包含基因。基因在种群的生存中起到了至关重要的作用。控制了基因就相当于控制了整个种群的走向。就像电影里的一个芯片可以控制一个机器人一样，我们可以通过修改芯片的代码来让机器人去做事情。

7.2　遗传算法简介

遗传算法的本质就是通过模拟达尔文的遗传进化理论，使用优胜劣汰的法则来找出最适应环境的解。具体的实现就是将一个种群的基因进行编码，然后通过交叉、变异，选出最适应环境的种群。然后再对新的种群进行交叉、变异……迭代 N 次后，就得出了第 N 代的最优解。需要注意的是，在这个遗传过程中，种群的筛选、交叉操作和基因突变等环节均会影响最终结果。所以找出合适的算法模型来解决当前问题是关键点。

7.3　遗传算法的流程图

图 7-1 展示的是遗传算法的流程图。

在初始化种群之后，首先计算个体适应度函数，然后对产生的后代进行选择，找出适应度强的后代，让它们进行基因交叉变异，繁衍出后代。接下来，对后代进行选择，重复此过程，直到达到满足的条件为止。

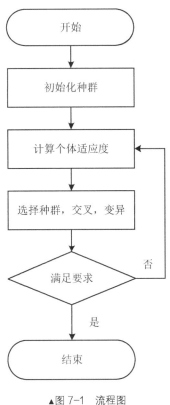

▲图 7-1 流程图

7.4 遗传算法的应用示例

下面先讲一个寓言故事。一天，农场主找来了几个平时工作很卖力的工人。农场主允诺他们，如果你们中间有人能够找到一根颗粒饱满且稻谷最多的水稻，这片农场就交给他打理，但是要求就是在前进过程中只能够摘一棵并且不能回头。听了这番话，大家都很开心，纷纷前往寻找。工人们发现后面的稻谷总是比前面的更加饱满，故大家都不急于采摘，没有一人先下手，大家总觉得更好的稻谷在后面。当走到一半的时候，大家又开始后悔了起来。因为后面的稻谷看起来又没有之前的好。在不允许回头去选的情况下，大家错过了一根又一根。最后快到尽头了，他们只能随便选了一个。

在这种自变量很多并且无法通过穷举法来一一验证种群的情况下，遗传算法是个好帮手。可惜这些工人当时并不了解这一算法。下面介绍如何通过遗传算法来解决上述问题。

为了便于了解，和前面一样，我们将其进行简化。要在一定的范围内找出一个最大值，同时因为事先并不知道哪个值是最大的，所以只能在这个范围内找出相对最大的值。这样就演化成下面这个示例，即通过遗传算法来求出函数 $y=-x^2+1024$ 的最大值，其中 $-31 \leqslant x \leqslant 31$。

由于 x 的取值范围为 $[-31，31]$，而 2^5 正好是 32，因此可以将 x 的取值范围使用二进制的形式来进行编码。同时还需要一位符号位来表示这个数的正负。举个例子，$-31=-(16+8+4+2+1)$，-31 可用二进制的"111111"来表示，$31=(16+8+4+2+1)$ 就用二进制的"011111"来表示。第一位是符号位，0 表示正数，1 表示负数，于是 x 的取值范围用二进制表示就是 $[111111，011111]$。

这里先设计一个 Chromosome（染色体）类，具体代码如下。

```
/// <summary>
/// 染色体
/// </summary>
class chromosome
{
    /// <summary>
    /// 用 6 位对染色体进行编码
    /// </summary>
    public int[] bits = new int[6];
    /// <summary>
    /// 适应值
    /// </summary>
    public int fitValue;
    /// <summary>
    /// 选择概率
    /// </summary>
    public double fitValuePercent;
    /// <summary>
    /// 累积概率
```

```
/// </summary>
public double probability;
}
```

　　这里的 bits 是一个 6 位的数组，它用来对基因进行重组。然后还需要使用一个适应值来筛选后代。适应值越高，就代表这个个体的生存能力越强，存活下来的概率就越大，符合优胜劣汰、适者生存的遗传法则，所以需要使用选择概率和累积概率来帮助我们进行筛选。这里读者可能会问："为什么还需要使用概率进行筛选？直接选择适应值最高的不就可以了吗？"话虽如此，但是这会导致最终求出的最大值不一定是最大的，这会在后面进行专门的讲解。设计好了染色体之后，就需要对基因进行解码，这里针对 6 位的 bits 数组解码的代码如下。

```
/// <summary>
/// 解码，二进制转换
/// </summary>
/// <param name="bits"></param>
/// <returns></returns>
static int DeCode(int[] bits)
{
    int result = bits[4] * 16 + bits[3] * 8 + bits[2] * 4 +
    bits[1] * 2 + bits[0] * 1;
    //正数
    if (bits[5] == 0)
    {
        return result;
    }
    else
    {
        return -result;
    }
}
```

　　传入一个 bits 数组，因为这里是按照二进制来表示的，所以每一位按照二进制的权重乘以 2 的倍数就得到了十进制的数字。因为这样获得的数字都是正数，所以还需要根据最高位的正负来给最终的结果添加对应的正负号。因为最高位 bits[5] 表示正负，所以当 bits[5]=0 的时候返回 result，否则返回-result。至此，解码函数添加完毕。

下面还需要定义一个获取适应值的函数，它实际上计算目标函数值。具体代码如下。

```
/// <summary>
/// 获取适应值
/// </summary>
/// <param name="x"></param>
/// <returns></returns>
static int GetFitValue(int x)
{
    //目标函数：y= - ( x^ 2 ) +1024
    return -(x * x) + 1024;
}
```

下面需要根据适应值来筛选后代，这里先介绍一个简单的筛选方法——排序法，具体如下。

```
/// <summary>
/// 选择染色体
/// </summary>
static void ChooseChromosome()
{
    // 从大到小排序
    chromosomes.Sort((a, b) => { return b.fitValue.CompareTo(a.fitValue
); });
}
```

每次都选取适应值最高的种群来繁衍后代，这很符合人类的思维，但是这样会导致局部收敛的问题。即按照这种方法筛选会导致最后的值和最初的最大值很接近。但是一开始的最大值不一定就是实际的最大值。如果以种群的繁衍区间作为自变量，以适应值作为因变量，它们就可以看作一个一对一的函数。按照从大到小的顺序来筛选，会导致一开始的最大值 A 成为最终的最大值。为什么呢？因为比 A 小的值都被抛弃了，新的值都会在 A 的周围。也就是说，我们在一开始就把最大值所在的范围给固定了。但是该函数的最大值很有可能在别的区间里。

所以我们的目的是要让适应值小的的区域也有机会被选到，只不过被选到的概率小一点，这样就可以尽量避免局部收敛的问题。因此适应值越大，它被选中的概率就越大，通常使用轮盘选择算法来选择种群。轮盘选择算法不是直接选择最优的种群，而是将最优的种群被选中的概率最大化。下面简单介绍一下轮盘选择算法的具体操作。

7.5　轮盘选择算法

轮盘选择算法的思想是按照比例选择算子，即各个个体被选中的概率和适应值大小成正比。下面介绍该算法的实现步骤（设种群大小为 N）。

1）计算出每个个体的适应度值 $f(x_i)$。

2）求每个个体被遗传到下一代的概率 $P(x_i) = \dfrac{f(x_i)}{\sum_{j=1}^{N} f(x_j)}$。

3）求每个个体的累积概率 $q_i = \sum_{j=1}^{i} P(x_j)$。

其中，q_i 是染色体 x_i（$i=1,2,\cdots,N$）的累积概率。

4）在 [0,1] 区间内产生一个随机数 r。

5）如果 $r<q_i$，则选择个体 1；否则，选择个体 k，使得 $q_{k-1}<r\leqslant q_k$ 成立。

6）重复步骤 4）和 5）共 M 次。

轮盘选择算法的思想比较简单，具体实现代码如下所示。

```
/// <summary>
/// 更新下一代
/// 基于轮盘选择算法，进行基因型的选择
/// </summary>
static void UpdateNext()
{
    // 计算总的适应值
    double totalFitValue = 0;
    for (int i = 0; i < chromosomes.Count; i++)
```

```
    {
        totalFitValue += chromosomes[i].fitValue;
    }
    Console.WriteLine("totalFitValue " + totalFitValue);

    //算出每个个体的适应值占总的适应值的百分比
    for (int i = 0; i < chromosomes.Count; i++)
    {
        chromosomes[i].fitValuePercent = chromosomes[i].fitValue /
          (totalFitValue * 1.0f);
        Console.WriteLine("fitValuePercent " + i + " " +
        chromosomes[i].fitValuePercent);
    }
    //计算累积概率
    // 第一个累积概率就是自己的适应值百分比
    chromosomes[0].probability = chromosomes[0].fitValuePercent;
    for (int i = 1; i < chromosomes.Count; i++)
    {
        // 上一个累积概率加上自己的适应值百分比,得到自己的累积概率
        chromosomes[i].probability = chromosomes[i - 1].probability +
        chromosomes[i].fitValuePercent;

    }
    //使用轮盘选择算法选出前两个个体
    for (int i = 0; i < chromosomes.Count; i++)
    {

        //产生 0~1 之间的随机数
        double rand = new Random(GetSeed()).NextDouble();//0.0~1.0
        Console.WriteLine("挑选的 rand " + rand);
        if (rand < chromosomes[0].probability)
        {
            chromosomes[i] = chromosomes[0];
        }
        else
        {
```

```
        for (int j = 0; j < chromosomes.Count - 1; j++)
        {
            if (chromosomes[j].probability <= rand && rand <=
                chromosomes[j + 1].probability)
            {
                chromosomes[i] = chromosomes[j + 1];
            }
        }
    }
}

//选择前两个个体
Console.WriteLine();
int x = DeCode(chromosomes[0].bits);
Console.Write(" 选择 0x: " + x);
Console.Write(" 选择 0y: " + chromosomes[0].fitValue);
Console.WriteLine();
x = DeCode(chromosomes[1].bits);
Console.Write(" 选择 1x: " + x);
Console.Write(" 选择 1y: " + chromosomes[1].fitValue);
Console.WriteLine();
}
```

　　如上所示，首先计算出累积概率，这样做是为了避免所有的选择都选择概率最大的区域，也就是所谓的局部收敛的问题。需要注意的是，当适应度为负数的时候，需要将其置为 0，因为概率是不能为负数的，概率永远是大于或等于 0 的。然后，通过累积概率使用轮盘选择算法求出最终的种群。下面就要针对选出来的种群进行基因的交叉和变异操作了。

7.6　交叉操作

　　交叉操作就是将基因组进行重组，将基因的某一片段和另一块片段进行交换，从而产生出新的后代。这里介绍一种常见的交叉操作，假设现在一对父母的遗传基因如下所示。

$$000_1110_2$$

父亲的基因片段：000_1110_2

母亲的基因片段：001_3010_4

父亲的基因片段是 1 和 2，母亲的基因片段是 3 和 4。现在将 1 和 4 基因片段相结合，使其变为孩子 1，然后将基因片段 2 和 3 相结合，使其变为孩子 2，交叉之后的结果如下所示。

$$000_1010_4$$

$$001_3110_2$$

至此，就完成了基因的重组，也就是沿着对角线的交叉操作。具体实现代码如下。

```
/// <summary>
/// 交叉操作
/// </summary>
static void CrossOperate()
{
    /**                 bit[5]~bit[0]      fit
     * 4                000 110             12         //第 1 条
     * 3                001 010              9         //第 2 条
     * child1           000 010             14         //第 3 条
     * child2           001 110              5         //第 4 条
     */
    int rand = new Random(GetSeed()).Next(0, 6); //0~5
    Console.WriteLine("交叉的 rand " + rand);
    for (int i = 0; i < rand; i++)
    {
        //将第 1 条(下标 0)赋予第 3 条(下标 2)
        //第 1 条和第 3 条交叉
        chromosomes[2].bits[i] = chromosomes[0].bits[i];
        //第 2 条和第 4 条交叉
        chromosomes[3].bits[i] = chromosomes[1].bits[i];
    }

    for (int i = rand; i < 6; i++)
    {
```

```
        //第 1 条和第 3 条交叉
        chromosomes[2].bits[i] = chromosomes[1].bits[i];
        //第 2 条和第 4 条交叉
        chromosomes[3].bits[i] = chromosomes[0].bits[i];
    }
}
```

首先，根据基因的长度随机给出一个值，通过这个值将每个基因分为前半段和后半段。然后，将第一个基因的前半段和第二个基因的后半段组合，使它成为新的孩子 A。接下来，将第二个基因的前半段和第一个基因的后半段组合，使它成为另一个新的孩子 B。最后，A 和 B 就成为后面的新种群。

7.7 变异操作

变异其实就是将染色体的基因进行变更。由于我们按照二进制来编码，因此所谓的变异其实就是由 0 变为 1，或者由 1 变为 0。现在假设有一段遗传基因如下所示。

$$001_3110$$

该基因片段的 3 号位置在一定的概率下，发生了基因突变——由 1 变成 0，具体如下所示。

$$000_3110$$

只需要改变对应的数字就完成了基因的变异，就是这么简单。需要注意的是，需要将变异的概率控制在一个很小的范围内，否则会导致实验结果的随机性太大，无法得出正确的结论，这里使用 2%的概率来进行变异。具体方法就是通过概率随机给出需要进行变异的行和列，然后对行和列的值进行基因变异。具体实现方式如下。

```
/// <summary>
/// 变异操作
/// </summary>
static void VariationOperate()
```

```
{
    int rand = new Random(GetSeed()).Next(0, 50);
    Console.WriteLine("变异的 rand " + rand);
    if (rand == 25)   //按 1/50 = 0.02 的概率进行变异
    {
        Console.WriteLine("开始变异");

        int col = new Random(GetSeed()).Next(0, 6);
        int row = new Random(GetSeed()).Next(0, 4);

        // 0 变为 1，1 变为 0
        if (chromosomes[row].bits[col] == 0)
        {
            chromosomes[row].bits[col] = 1;
        }
        else
        {
            chromosomes[row].bits[col] = 0;
        }
    }
}
```

变异操作比较简单：首先随机给出变异的概率，如果满足变异条件，再随机给出要变异的行和列，将它们的值进行变化（0→1 或者 1→0）即可。

7.8　示例中遗传算法的实现

前几节简单地介绍了遗传算法的核心思想。下面是示例中遗传算法的整体代码。

```
/****************************************************
** auth: onelei
** desc: 遗传算法
****************************************************/
using System;
```

```
using System.Collections.Generic;

namespace GeneticAlgorithm
{
    class Program
    {
        /// <summary>
        /// 染色体
        /// </summary>
        class chromosome
        {
            /// <summary>
            /// 用 6 位对染色体进行编码
            /// </summary>
            public int[] bits = new int[6];
            /// <summary>
            /// 适应值
            /// </summary>
            public int fitValue;
            /// <summary>
            /// 选择概率
            /// </summary>
            public double fitValuePercent;
            /// <summary>
            /// 累积概率
            /// </summary>
            public double probability;
        }

        /// <summary>
        /// 染色体组;
        /// </summary>
        static List<chromosome> chromosomes = new List<chromosome>();
        enum ChooseType
        {
            Bubble,  //冒泡
            Roulette,  //轮盘选择
```

```csharp
    }
    static ChooseType chooseType = ChooseType.Roulette;
    /// <summary>
    /// Main 入口函数
    /// </summary>
    /// <param name="args"></param>
    static void Main(string[] args)
    {
        Console.WriteLine("遗传算法");
        Console.WriteLine("下面举例说明如何应用遗传算法求函数
        y = -x*x+1024 的最大值, -32<=x<=31");
        // f(x)=-x*x+1024
        // 迭代次数
        int totalTime = 5;
        Console.WriteLine("迭代次数为: " + totalTime);
        //初始化
        Console.WriteLine("初始化: ");
        Init();
        // 输出初始化数据
        Print();
        for (int i = 0; i < totalTime; i++)
        {
            Console.WriteLine("当前迭代次数: " + i);

            //重新计算适应值
            UpdateFitValue();

            // 挑选染色体
            Console.WriteLine("挑选:");

            switch (chooseType)
            {
                case ChooseType.Bubble:
                    // 排序
                    Console.WriteLine("排序:");
                    ChooseChromosome();
                    break;
```

```
                default:
                    //轮盘选择
                    Console.WriteLine("轮盘选择:");
                    UpdateNext();
                    break;
            }
            Print(true);

            //交叉得到新个体
            Console.WriteLine("交叉:");
            CrossOperate();
            Print();

            //变异操作
            Console.WriteLine("变异:");
            VariationOperate();
            Print();

        }

        int maxfit = chromosomes[0].fitValue;
        for (int i = 1; i < chromosomes.Count; i++)
        {
            if (chromosomes[i].fitValue > maxfit)
            {
                maxfit = chromosomes[i].fitValue;
            }
        }
        Console.WriteLine("最大值为: " + maxfit);
        Console.ReadLine();
    }

    /// <summary>
    /// 输出
    /// </summary>
    static void Print(bool bLoadPercent = false)
```

```
    {
        Console.WriteLine("=========================");
        for (int i = 0; i < chromosomes.Count; i++)
        {
            Console.Write("第" + i + "条" + " bits: ");
            for (int j = 0; j < chromosomes[i].bits.Length; j++)
            {
                Console.Write(" " + chromosomes[i].bits[j]);
            }
            int x = DeCode(chromosomes[i].bits);
            Console.Write(" x: " + x);
            Console.Write(" y: " + chromosomes[i].fitValue);
            if (bLoadPercent)
            {
                Console.Write(" 选择概率: " + chromosomes[i].
                fitValuePercent);
                Console.Write(" 累积概率: " + chromosomes[i].
                probability);
            }
            Console.WriteLine();
        }
        Console.WriteLine("=========================");
    }

    /// <summary>
    /// 初始化
    /// </summary>
    static void Init()
    {
        chromosomes.Clear();
        // 染色体数量
        int length = 4;
        int totalFit = 0;
        for (int i = 0; i < length; i++)
        {
            chromosome chromosome = new chromosome();
            for (int j = 0; j < chromosome.bits.Length; j++)
```

```
        {
            //随机给出 0 或者 1
            Random random = new Random(GetSeed());
            int bitValue = random.Next(0, 2);
            chromosome.bits[j] = bitValue;
        }
        //获得十进制的值
        int x = DeCode(chromosome.bits);
        int y = GetFitValue(x);
        chromosome.fitValue = y;
        chromosomes.Add(chromosome);
        //计算总的适应值
        {
            totalFit += chromosome.fitValue;
        }
    }

    for (int i = 0; i < chromosomes.Count; i++)
    {
        //计算每个适应值占总的适应值的百分比,
        //在用轮盘选择算法时需要用到该参数
        chromosomes[i].fitValuePercent = chromosomes[i].fitValue /
        (totalFit * 1.0f);
    }
    chromosomes[0].probability = chromosomes[0].fitValuePercent
;

    for (int i = 1; i < chromosomes.Count; i++)
    {
        //上一个累积概率加上自己的适应值百分比,得到自己的累积概率
        chromosomes[i].probability = chromosomes[i - 1].probability +
        chromosomes[i].fitValuePercent;
    }
}

/// <summary>
```

```
/// 解码,二进制转换
/// </summary>
/// <param name="bits"></param>
/// <returns></returns>
static int DeCode(int[] bits)
{
    int result = bits[4] * 16 + bits[3] * 8 + bits[2] * 4 +
    bits[1] * 2 + bits[0] * 1;
    //正数
    if (bits[5] == 0)
    {
        return result;
    }
    else
    {
        return -result;
    }
}


/// <summary>
/// 获取适应值
/// </summary>
/// <param name="x"></param>
/// <returns></returns>
static int GetFitValue(int x)
{
    //目标函数: y= - ( x^ 2 ) +1024
    return -(x * x) + 1024;
}


/// <summary>
/// 更新下一代
/// 基于轮盘选择算法，进行基因型的选择
/// </summary>
static void UpdateNext()
```

```
{
    // 计算总的适应值
    double totalFitValue = 0;
    for (int i = 0; i < chromosomes.Count; i++)
    {
        totalFitValue += chromosomes[i].fitValue;
    }
    Console.WriteLine("totalFitValue " + totalFitValue);

    //算出每个个体的适应值占总的适应值的百分比
    for (int i = 0; i < chromosomes.Count; i++)
    {
        chromosomes[i].fitValuePercent = chromosomes[i].fitValue /
            (totalFitValue * 1.0f);
        Console.WriteLine("fitValuePercent " + i + " " + chromosomes[i]
            .fitValuePercent);
    }
    //计算累积概率
    // 第一个个体的累积概率就是自己的适应值百分比
    chromosomes[0].probability = chromosomes[0].fitValuePercent
    ;

    for (int i = 1; i < chromosomes.Count; i++)
    {
        // 上一个累积概率加上自己的适应值百分比,得到自己的累积概率
        chromosomes[i].probability = chromosomes[i - 1].probability +
        chromosomes[i].fitValuePercent;

    }
    //使用轮盘选择算法选出前两个个体
    for (int i = 0; i < chromosomes.Count; i++)
    {

        //产生 0~1 的随机数
        double rand = new Random(GetSeed()).NextDouble();
        Console.WriteLine("挑选的 rand " + rand);
```

```
                    if (rand < chromosomes[0].probability)
                    {
                        chromosomes[i] = chromosomes[0];
                    }
                    else
                    {
                        for (int j = 0; j < chromosomes.Count - 1; j++)
                        {
                            if (chromosomes[j].probability <= rand &&
                            rand <= chromosomes[j + 1].probability)
                            {
                                chromosomes[i] = chromosomes[j + 1];
                            }
                        }
                    }
                }

                //选择前两个个体
                Console.WriteLine();
                int x = DeCode(chromosomes[0].bits);
                Console.Write(" 选择 0x: " + x);
                Console.Write(" 选择 0y: " + chromosomes[0].fitValue);
                Console.WriteLine();
                x = DeCode(chromosomes[1].bits);
                Console.Write(" 选择 1x: " + x);
                Console.Write(" 选择 1y: " + chromosomes[1].fitValue);
                Console.WriteLine();
            }

            /// <summary>
            /// 选择染色体
            /// </summary>
            static void ChooseChromosome()
            {
```

```
        //从大到小排序
        chromosomes.Sort((a, b) => { return b.fitValue.CompareTo(a.
        fitValue); });
    }


    /// <summary>
    /// 交叉操作
    /// </summary>
    static void CrossOperate()
    {
        /**             bit[5]~bit[0]      fit
         * 4            000 110            12         //第 1 条
         * 3            001 010             9         //第 2 条
         * child1       000 010            14         //第 3 条
         * child2       001 110             5         //第 4 条
         */
        int rand = new Random(GetSeed()).Next(0, 6);  //0-5;
        Console.WriteLine("交叉的 rand " + rand);
        for (int i = 0; i < rand; i++)
        {
            //将第 1 条(下标 0)赋予第 3 条(下标 2)
            //第 1 条和第 3 条交叉
            chromosomes[2].bits[i] = chromosomes[0].bits[i];
            //第 2 条和第 4 条交叉
            chromosomes[3].bits[i] = chromosomes[1].bits[i];
        }


        for (int i = rand; i < 6; i++)
        {
            //第 1 条和第 3 条交叉
            chromosomes[2].bits[i] = chromosomes[1].bits[i];
            //第 2 条和第 4 条交叉
            chromosomes[3].bits[i] = chromosomes[0].bits[i];
        }
    }
```

```
/// <summary>
/// 变异操作
/// </summary>
static void VariationOperate()
{
    int rand = new Random(GetSeed()).Next(0, 50);
    Console.WriteLine("变异的 rand " + rand);
    if (rand == 25)   //按 1/50 = 0.02 的概率进行变异
    {
        Console.WriteLine("开始变异");

        int col = new Random(GetSeed()).Next(0, 6);
        int row = new Random(GetSeed()).Next(0, 4);

        //0 变为 1,1 变为 0
        if (chromosomes[row].bits[col] == 0)
        {
            chromosomes[row].bits[col] = 1;
        }
        else
        {
            chromosomes[row].bits[col] = 0;
        }
    }
}


/// <summary>
/// 重新计算适应值
/// </summary>
static void UpdateFitValue()
{
    for (int i = 0; i < chromosomes.Count; i++)
    {
        chromosomes[i].fitValue = GetFitValue
        (DeCode(chromosomes[i].bits));
    }
```

```
    }

    private static int iSeed = System.DateTime.UtcNow.Millisecond;
    static int GetSeed()
    {
        iSeed += 2;
        return iSeed;
    }
}
}
```

迭代次数目前是在代码里设定的，开始和结束时运行结果分别如图 7-2 和图 7-3 所示。

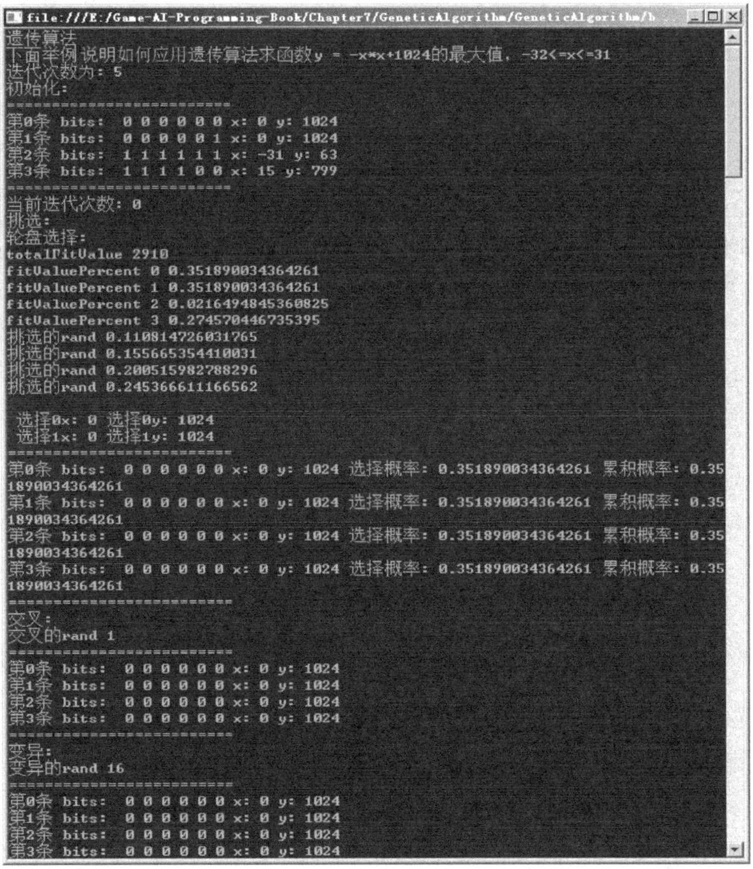

▲图 7-2 遗传算法运行结果 1

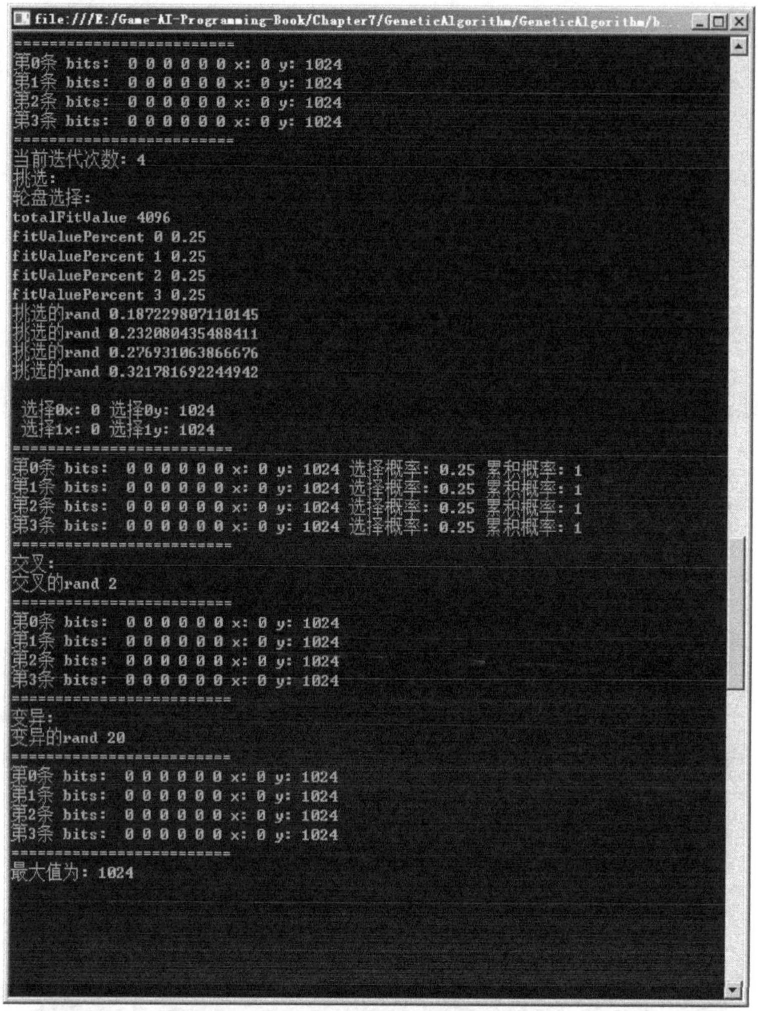

▲图 7-3　遗传算法运行结果 2

函数 $y=-x^2+1024$ 在[-31，31]上的实际最大值为 1024，而通过遗传算法得出的结论为 1024。因为都是通过概率算出来的值，所以并不能够让人信服。下面循环执行 10 次，每次迭代 5 代。换句话说就是迭代 50 代，然后统计最终的最大值（见表 7-1）。

表 7-1　　　　　　　　　　遗传算法循环执行 10 次的最大值

第 1 次	第 2 次	第 3 次	第 4 次	第 5 次	第 6 次	第 7 次	第 8 次	第 9 次	第 10 次
1024	1023	1024	1024	975	1023	1024	1024	1024	1024

根据表 7-1 可知，在 10 次执行过程中出现了理论最大值也出现了其他值，但是这些数值的平均值都和理论最大值非常接近。在游戏中也可以适当地使用遗传算法来增加一些随机性和趣味性。

7.9 遗传算法的应用

遗传算法在游戏中目前应用得比较少，但是作为常见的机器学习算法是有必要了解并掌握的。大多数需要优化模型参数的问题，都可以使用遗传算法来解决。穷举法在变量范围很大的情况下是没法求解出来的，或者说求解的成本非常大，因此通过遗传算法就可以找出相对的最优解。

遗传算法在搜索策略里只需要一个目标函数和对应的适应度函数，所以它在很多领域都有着广泛的应用。比如，在无人驾驶领域，基于遗传算法的路径规划现在已经在使用了。另外，它生产调度自动控制、机器人学、图像处理等方面都广泛应用。

哔哩哔哩网站上有一组视频演示了如何使用遗传算法让机器人学会人类的行走、荡秋千、爬山等常见行为。在视频中，机器人就像婴儿一样在学习行走，从中可以体会到人类这一步一步地进化过来是多么不容易。在哔哩哔哩网站上面搜索"遗传算法"等关键字即可观看相关视频。

第 8 章　足球 AI 的实现

本章主要演示一个足球的 AI 是如何通过一些简单的行为节点组合而成的。行为树策略是使用第 6 章介绍的 Behavior Designer 插件来实现的。

8.1　寻路 AI 策略

在开始之前，先介绍 Unity 自带的寻路组件 NavMesh。NavMesh 需要配合 NavMeshAgent 来实现自动寻路。在 Unity 主界面中，从菜单栏中选择 GameObject→3D Object→Plane，如图 8-1 所示，添加球场的地板。

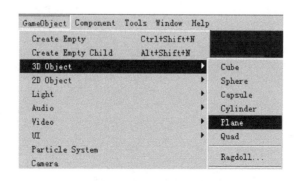

▲图 8-1　添加足球场的地板

按照同样的方法添加球场的四周，修改后的球场如图 8-2 所示。

▲图 8-2　修改后的球场

接下来，在菜单栏中选择 GameObject→3D Object→Sphere，创建一个球。然后，给它添加一个 Nav Mesh Agent 组件，并设置其属性，如图 8-3 所示。

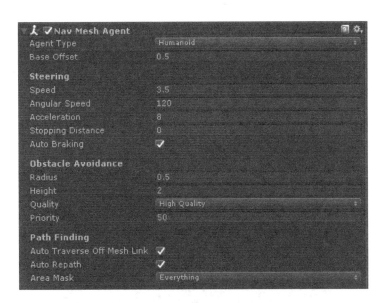

▲图 8-3　设置 Nav Mesh Agent 组件的属性

添加好之后只需要将整个球场烘焙（Bake）一下就可以了。在菜单栏中选择 Window→Navigation，打开 Navigation 面板。在 Navigation 面板里面选中 Object 选项卡，勾选 Navigation

Static 复选框，在 Navigation Area 后面的列表框中选择 Walkable，它表示可以移动的类型，如图 8-4 所示。

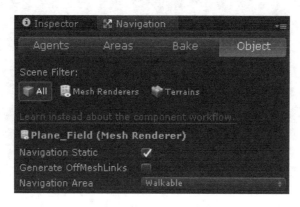

▲图 8-4　设置 Object 的参数

这个时候在 Navigation 面板里面切换到 Bake 选项卡下，单击 Bake 按钮即可将整个地面烘焙出来，具体如图 8-5 所示。如果球场变成了蓝色，就表明烘焙成功。烘焙前后的球场分别如图 8-6 和图 8-7 所示。

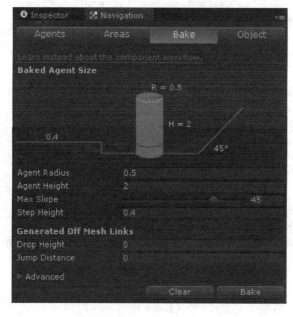

▲图 8-5　烘焙

▲图 8-6　烘焙前

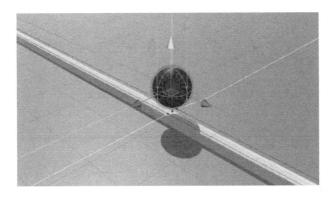

▲图 8-7　烘焙后

下面将演示如何通过鼠标将球摆放到球场的任意位置，并使球员自动移动过去。首先，创建一个 AutoWalkController.cs 脚本，代码如下。

```
/*
 * 自动寻路
 *
 */

using UnityEngine;
public class AutoWalkController : MonoBehaviour
{
    /// <summary>
    /// 相机
```

```
        /// </summary>
        [SerializeField] Camera m_Camera;
        /// <summary>
        /// 智能体
        /// </summary>
        [SerializeField] UnityEngine.AI.NavMeshAgent agent;
        /// <summary>
        /// 射线
        /// </summary>
        private RaycastHit hit = new RaycastHit();

        // 对于每一帧调用一次 Update
        void Update ()
        {
            // 按下鼠标左键
            if(Input.GetMouseButtonDown(0))
            {
                Ray ray = m_Camera.ScreenPointToRay(Input.mousePosition);
                Physics.Raycast(ray,out hit,100);
                if(null != hit.transform)
                {
                    // 输出射线位置
                    print(hit.point);
                    // 设置智能体的目的地
                    agent.SetDestination (hit.point);
                }
            }
        }
    }
```

代码里面有一个 Update 函数。其具体功能是通过单击来获取单击位置的坐标，然后将该坐标转换成球场上的位置。最后通过调用 Nav Mesh Agent 组件的 SetDestination 函数设置目的地，这个函数就自带了寻路功能。将 Auto Walk Controller 脚本挂在场景的某个节点上，设置其中的 Camera 和 Agent，如图 8-8 所示。

▲图 8-8 设置 Auto Walk Controller 脚本中的变量

运行游戏，通过单击球场上的任意位置，智能体就会自动移动到鼠标单击的位置，如图 8-9 所示。

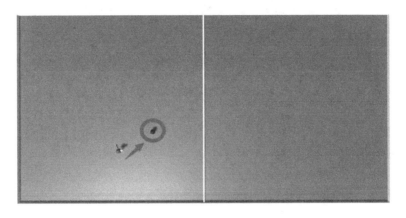

▲图 8-9 Auto Walk Controller.cs 脚本的运行结果

注意，球员在移动的时候是首先旋转到面向足球，然后再移动过去的，不存在背对着足球移动过去的情况。为了方便观察，这里添加一个椭圆形的嘴巴放在球员身上，如图 8-10 所示。

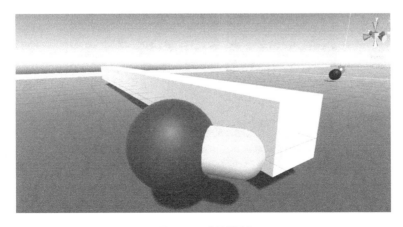

▲图 8-10 球员的形象

为了展示球员是可以越过障碍物移动的，这里创建一个障碍物，把它挡在球员和足球的中间。然后，设置该障碍物为不可行走的类型，如图 8-11 所示。

▲图 8-11　设置障碍物的类型

设置完毕之后，重新单击 Bake 按钮进行烘焙。如图 8-12 和图 8-13 所示，球员发现前面有障碍物就自动绕到旁边进行前进。

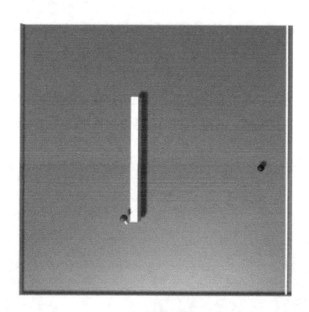

▲图 8-12　球员越过障碍物移动

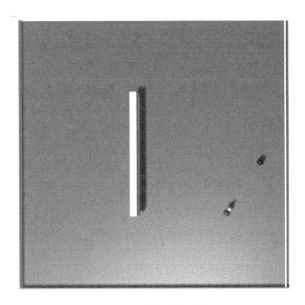

▲图 8-13　球员向球移动

感兴趣的读者可以自己在球场上多设置几个障碍物来观察球员的移动。

8.2　巡逻 AI 策略

巡逻是游戏中常见的一个 AI 策略，其原理就是在初始位置，进行上下左右移动。有两种巡逻方式。一种是每次巡逻都是随机选一个巡逻点，然后移动过去。不过这种方式会导致随机选出来的巡逻点是不连续的。读者可能会看到球员一会儿跑向了左上角，一会儿跑向了右上角，给人一种杂乱无章的感觉。另一种方式是将每个巡逻点进行编号，然后按照顺序依次移动。这种方式会有一定的连贯性，这里使用第二种方法。首先，创建一个 Agent.cs 脚本，代码如下。

```
/*
 * Agent 脚本
 */
using UnityEngine;
using UnityEngine.AI;
```

```
using UnityEngine.UI;

namespace FootBallGame
{
    public class Agent : MonoBehaviour
    {
        /// <summary>
        /// NavMesh 组件
        /// </summary>
        [SerializeField] NavMeshAgent navMeshagent;
        /// <summary>
        /// 球
        /// </summary>
        [SerializeField] Transform Ball;
        /// <summary>
        /// 球员编号 Text
        /// </summary>
        [SerializeField] TextMesh Text_Num;
        /// <summary>
        /// 球员编号
        /// </summary>
        [SerializeField] int num;
        /// <summary>
        /// 球员的阵营,True 表示左方,False 表示右方
        /// </summary>
        [SerializeField] bool bLeft;
        /// <summary>
        /// 获取阵营
        /// </summary>
        /// <returns></returns>
        public bool GetTeamDirection ()
        {
            return this.bLeft;
        }
        /// <summary>
        /// 设置目的地
        /// </summary>
```

```
    /// <param name="target"></param>
    public void SetDestination (Vector3 target)
    {
        navMeshagent.enabled = true;
        navMeshagent.SetDestination (target);
    }
    /// <summary>
    /// 获取球的位置
    /// </summary>
    /// <returns></returns>
    public Vector3 GetBallLocation ()
    {
        return Ball.position;
    }
    /// <summary>
    /// 获取球的 Transform
    /// </summary>
    /// <returns></returns>
    public GameObject GetBall ()
    {
        return Ball.gameObject;
    }
    /// <summary>
    /// 获取自身的 NavMesh 组件
    /// </summary>
    /// <returns></returns>
    public NavMeshAgent GetNavAgent ()
    {
        return this.navMeshagent;
    }
    /// <summary>
    /// 获取球员身上的编号
    /// </summary>
    /// <returns></returns>
    public int GetNumber ()
    {
        return this.num;
```

```
                }
            }
        }
```

　　上述代码看起来很多，但是里面都提供了一些基本的属性调用，例如球员当前的号码、自己的阵营、球的位置等。然后，将脚本挂载到球员身上，创建一个名为 Patrol.cs 的巡逻脚本，代码如下。

```
/*
 * Patrol.cs
 * 巡逻脚本
 */
using BehaviorDesigner.Runtime.Tasks;
using UnityEngine;
using System.Collections.Generic;
using UnityEngine.AI;

namespace FootBallGame
{
    public class Patrol : Action
    {
    /// <summary>
    /// Agent
    /// </summary>
    private Agent agent;
    /// <summary>
    /// NavMesh 组件
    /// </summary>
    private NavMeshAgent navMeshAgent;
    /// <summary>
    /// 巡逻点集合
    /// </summary>
    private List<Vector3> PatrolPositions = new List<Vector3>();
    /// <summary>
    /// The patrol position.
    /// </summary>
```

```
private Vector3 PatrolPos;
/// <summary>
/// Agent 的位置
/// </summary>
private Vector3 agentPosition;
/// <summary>
/// The patrol range.
/// </summary>
private int range;

/// <summary>
/// 开始函数
/// </summary>
public override void OnStart ()
{
    agent = GetComponent<Agent> ();
    navMeshAgent = agent.GetNavAgent ();

    // 设置巡逻点集合
    var InitPos = agent.transform.position;
    var PatrolPos1 = new Vector3 (InitPos.x+Define.Patrol_Circle,
    InitPos.y,InitPos.z+Define.Patrol_Circle);
    var PatrolPos2 = new Vector3(InitPos.x + Define.Patrol_
    Circle,InitPos.y,InitPos.z - Define.Patrol_Circle);
    var PatrolPos3 = new Vector3(InitPos.x - Define.Patrol_
    Circle, InitPos.y,InitPos.z - Define.Patrol_Circle);
    var PatrolPos4 = new Vector3(InitPos.x - Define.Patrol_
    Circle, InitPos.y,InitPos.z + Define.Patrol_Circle);
    PatrolPositions.Add (PatrolPos1);
    PatrolPositions.Add (PatrolPos2);
    PatrolPositions.Add (PatrolPos3);
    PatrolPositions.Add (PatrolPos4);

    //找出离自己最近的巡逻点
    float distance = Mathf.Infinity;
```

```
        float localDistance;
        for (int i = 0; i < PatrolPositions.Count; ++i)
            {
            if ((localDistance = Vector3.Magnitude(agent.transform.position -
                PatrolPositions[i])) < distance)
                    {
                    distance = localDistance;
                    range = i;
                }
            }
        PatrolPos = PatrolPositions[range];


        //设置巡逻范围
        navMeshAgent.enabled = true;
        navMeshAgent.SetDestination(PatrolPos);


    }


    public override TaskStatus OnUpdate()
    {
        agentPosition = agent.transform.position;
        //如果 Agent 自己走到了巡逻点,就重新随机选出下一个巡逻点
        if (Mathf.Abs (agentPosition.x - PatrolPos.x) < 1 &&
        Mathf.Abs (agentPosition.z - PatrolPos.z) < 1)
        {
            range = (range + 1) % PatrolPositions.Count;
            PatrolPos = PatrolPositions [range];
        }
        //将巡逻点设置为 Agent 的目标点
        navMeshAgent.SetDestination (PatrolPos);
        return TaskStatus.Running;
    }
  }
}
```

因为巡逻是一个具体的行为节点，并且需要执行具体的动作，所以巡逻节点继承自 Action。同时我们需要在随机选出目标点之后，移动过去。当执行到最后一个随机点之后，需要接着将巡逻点重新打乱，所以巡逻状态需要一直处于 Running 状态。行为树的结构如图 8-14 所示。

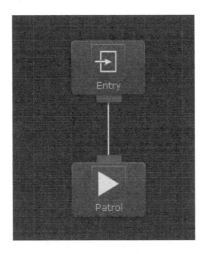

▲图 8-14　行为树的结构

添加行为树之后，将其挂载到球员身上，并直接运行游戏，结果如图 8-15～图 8-18 所示。球员会在这 4 个巡逻点来回巡逻。

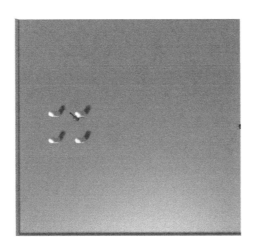

▲图 8-15　巡逻点 1

▲图 8-16　巡逻点 2

▲图 8-17　巡逻点 3

▲图 8-18　巡逻点 4

　　巡逻点是一个列表，它有助于后面添加多个巡逻点。在实际应用中也可以以球为目标点在足球附近的几个位置来回移动，以此达到带球跟随的目的。

8.3　踢球 AI 策略

　　比较简单的踢球策略就是先向球移动，当走到球所在的位置的时候，给球一个带方向的力即可将球踢出去，重复执行这个动作直到将球踢进球门。因此需要先创建一个名为 Ball.cs 的脚本，具体代码如下。

```
/*
 * 足球
 */
using UnityEngine;
using UnityEngine.AI;

namespace FootBallGame
{
    public class Ball : MonoBehaviour
    {
        /// <summary>
        /// 物理刚体
        /// </summary>
        [SerializeField] Rigidbody body;
        /// <summary>
        /// 射线
        /// </summary>
        private RaycastHit hit = new RaycastHit();
        /// <summary>
        /// 添加一个力
        /// </summary>
        /// <param name="form"></param>
        /// <param name="to"></param>
        public void AddForce(Vector3 form,Vector3 to)
```

```
{
    Vector3 force = (to-form).normalized*Define.FORCE;
    body.AddForce (new Vector3(force.x,0,force.y), ForceMode.
    Impulse);
}
/// <summary>
/// 添加一个较大的力
/// </summary>
/// <param name="form"></param>
/// <param name="to"></param>
public void AddForceBig(Vector3 form,Vector3 to)
{
    Vector3 force = (to-form).normalized*Define.BIG_FORCE;
    body.AddForce (new Vector3(force.x,0,force.y), ForceMode.
    Impulse);
}
/// <summary>
/// 开始比赛前
/// </summary>
public void BeforeKickOff()
{
    transform.position = new Vector3(0,10000,0);
    body.velocity = Vector3.zero;
}
/// <summary>
/// 重置
/// </summary>
public void ReStart()
{
    transform.position = Vector3.zero;
    body.velocity = Vector3.zero;
}
/// <summary>
/// 系统更新函数
/// </summary>
void Update()
```

```
        {
            //设置球的位置为鼠标单击的位置
            if(Input.GetMouseButtonDown(0))
            {
                Ray ray = Camera.main.ScreenPointToRay(Input.mousePosition);
                Physics.Raycast(ray,out hit,100);
                if(null != hit.transform)
                {
                //设置球的位置
                transform.position = new Vector3(hit.point.x,0,hit.
                point.z);
                //设置球的速度为 0
                body.velocity = Vector3.zero;
                body.Sleep ();
                }
            }
        }
    }
}
```

上述代码中，主要借助 AddForce 这个函数来给球一个力。AddForce 函数获取到球身上的刚体组件——Rigidbody 组件。该组件专门用来处理与物理方面的力相关的操作，通过给这个组件施加一个力，使球受力之后飞出去。

```
public void AddForce(Vector3 form,Vector3 to)
{
    Vector3 force = (to-form).normalized*Define.FORCE;
    body.AddForce (new Vector3(force.x,0,force.y), ForceMode.Impulse);
}
```

Update 函数提供了一个调试功能，目的是在单击球场的时候让球静止在单击的地方。下面将该脚本挂载到足球上，如图 8-19 所示。

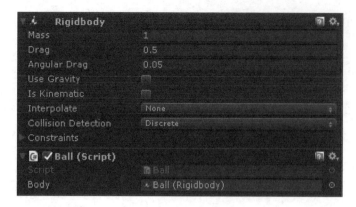

▲图 8-19 设置 Ball.cs 的挂载点

一切准备就绪，我们还需要最终的执行脚本，即踢球的行为节点。新建一个踢球的脚本 KickBall，具体内容如下。

```
/// <summary>
/// Kick ball
/// </summary>
using BehaviorDesigner.Runtime.Tasks;
using UnityEngine;

namespace FootBallGame
{
    public class KickBall : Action
    {
        /// <summary>
        /// Agent
        /// </summary>
        private Agent mAgent;
        /// <summary>
        /// 足球
        /// </summary>
        private Ball Ball;
        /// <summary>
        /// 球的位置
        /// </summary>
```

```csharp
private Vector3 ballLocation;
/// <summary>
/// Agent 的位置
/// </summary>
private Vector3 agentLocation;
/// <summary>
/// 初始化
/// </summary>
public override void OnStart ()
{
    mAgent = GetComponent<Agent> ();
    Ball = mAgent.GetBall ().GetComponent<Ball> ();
}
/// <summary>
/// 更新函数
/// </summary>
/// <returns></returns>
public override TaskStatus OnUpdate()
{
    // 获取球的位置和 Agent 的位置
    ballLocation = mAgent.GetBallLocation ();
    agentLocation = mAgent.transform.position;

    //如果 Agent 和球的位置在一定范围内,就可以踢球
    if (Mathf.Abs (agentLocation.x - ballLocation.x) < Define.
    CanKickBallDistance && Mathf.Abs (agentLocation.z -
    ballLocation.z) < Define.CanKickBallDistance)
    {
        // 默认是向右边球门踢过去,设置球员的朝向
        mAgent.transform.LookAt (Define.RightDoorPosition);
        // 设置足球的运动方向和力度
        Ball.AddForce (ballLocation,Define.RightDoorPosition);
        // 返回成功
        return TaskStatus.Success;
```

```
            }
            else
            {
                // 不在可踢范围内就移动过去
                mAgent.SetDestination (ballLocation);
                // 返回 Running 状态
                return TaskStatus.Running;
            }
        }
    }
}
```

当获取球的位置和 Agent 自身的位置时，如果二者距离较远，就需要按照之前的寻路逻辑，先移动过去。当 Agent 和球的位置在踢球范围内时，给球施加一个力即可。踢球的 AI 行为树结构如图 8-20 所示。

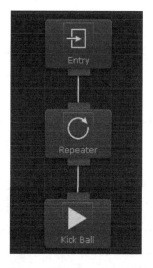

▲图 8-20　踢球的 AI 行为树结构

在 KickBall 行为节点上面添加一个 Repeater 节点。首先执行移向球的行为，然后执行踢球行为，当球被踢远之后，接着执行移向球的行为，如此反复。将行为树挂载到 Agent 身上后，运行游戏，运行结果如图 8-21 和图 8-22 所示。

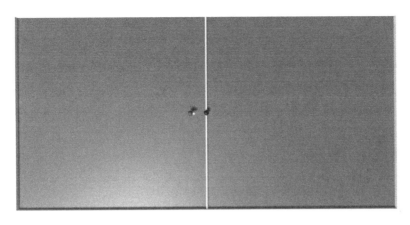

▲图 8-21 踢球 AI——向球的位置移动

▲图 8-22 踢球 AI——将球踢向目标点

根据运行结果可知，球员先向球移动，然后给球一个向右的力，接着球员再向球移动，再给球一个力。一直循环，直到球进入对方的球门位置。

8.4 进攻 AI 策略

进攻策略的规则为使 3 名球员作为进攻球员一起向球移动。离球最近的球员踢球，剩下的两个球员分别移动到离球最近的球员的两侧并跟随。下面就开始介绍如何实现这种跟随策略。首先，创建 KickBallAttack.cs 脚本，内容如下。

```
/// <summary>
/// 踢球 AI
/// </summary>
using BehaviorDesigner.Runtime.Tasks;
using UnityEngine;

namespace FootBallGame
{
    public class KickBallAttack : Action
    {
        /// <summary>
        /// 球员
        /// </summary>
        private Agent agent;
        /// <summary>
        /// 足球
        /// </summary>
        private Ball Ball;
        /// <summary>
        /// 球的位置
        /// </summary>
        private Vector3 ballLocation;
        /// <summary>
        /// 球员的位置
        /// </summary>
        private Vector3 agentLocation;
        /// <summary>
        /// 目标点的位置
        /// </summary>
        private Vector3 targetLocation;
        /// <summary>
        /// 球员的阵营
        /// </summary>
        private bool bLeft;
        public override void OnStart ()
```

```
{
    //获取球员身上的 Agent 脚本
    agent = GetComponent<Agent> ();
    //获取足球脚本
    Ball = agent.GetBall().GetComponent<Ball> ();
    //获取 Agent 自己的阵营
    bLeft = agent.GetTeamDirection ();
}

public override TaskStatus OnUpdate()
{
    //获取球的位置
    ballLocation = agent.GetBallLocation ();
    //获取 Agent 自身的位置
    agentLocation = agent.transform.position;
    //如果足球在 Agent 的可踢范围内
    if (Condition.CanKickBall(agentLocation, ballLocation)) {
        //朝向球的方向
        agent.transform.LookAt (ballLocation);
        //根据 Agent 自己的阵营,给球一个力
        if (bLeft) {
            Ball.AddForce (ballLocation,Define.RightDoorPosition);
        } else {
            Ball.AddForce (ballLocation,Define.LeftDoorPosition);
        }
        //返回成功
        return TaskStatus.Success;
    } else
    {
        //获取 Agent 自己在攻击阵型里面的位置
        targetLocation = AgentGroupHelper.Instance.GetAttackGroup
        Location (agent,ballLocation,bLeft);
        //设置 Agent 自己的目标点
        agent.SetDestination (targetLocation);
```

```
                        //返回 Running 状态
                        return TaskStatus.Running;
                }
            }
        }
    }
```

　　这里主要分析 OnUpdate 这个函数。它首先获取 Agent 自身和球之间的距离，如果球在可踢范围内，执行踢球 AI；如果球不在可踢范围内，我们需要根据自身距离球的远近来动态地分配自己的角色。离球最近的球员需要执行向球移动的 AI，距离球不是最近的球员就需要执行跟随 AI。具体实现规则为将球员按照离球的远近进行排序。离球近的球员的目标点就是给定的目标点，而离球较远的球员按照自己的编号向后添加一段距离，这样就实现了跟随效果。具体代码如下。

```
/// <summary>
/// 获取 Agent 自己在攻击阵营里面的位置
/// </summary>
/// <param name="agent"></param>
/// <param name="targetPosition"></param>
/// <param name="bLeft"></param>
/// <returns></returns>
public Vector3 GetAttackGroupLocation(Agent agent,Vector3 targetPosition,
bool bLeft)
{
    //根据 Agent 自己的阵营获取球员列表
    List<Agent> team = GetAgentTeam (bLeft);
    Agent nearstAgent = agent;
    //按球员和目标点的距离进行排序,离目标点最近的排在最前面
    team.Sort ((a,b)=>{ return Vector3.Distance (a.transform.position,
targetPosition).CompareTo(Vector3.Distance (b.transform.position,
targetPosition));
            });
    //获取 Agent 自己在排序后的索引值
    var index = team.FindIndex (a=>a.GetNumber()==agent.GetNumber());
    // 若索引值为 0,就是离目标点最近的球员
    if (index == 0) {
```

```
        return targetPosition;
    }
    else
    {
        // 获取离目标点最近的球员的位置
        var nearstBallAgentLocation = team [0].transform.position;
        //如果索引值是偶数，就让 Agent 自己在离目标点最近的球员的后面,球场的下面
        if((index%2)==0)
        {
            return new Vector3(nearstBallAgentLocation.x-3*index,0,
            nearstBallAgentLocation.z-index*3);
        }
        //如果索引值是奇数，就让 Agent 自己在离目标点最近的球员的后面,球场的上面
        Return new Vector3(nearstBallAgentLocation.x-3*index,0,nearstBall
        AgentLocation.z+index*3);
    }
}
```

攻击 AI 的行为树结构如图 8-23 所示。

▲图 8-23　攻击 AI 的行为树结构

接下来，将该行为树挂载到 Agent 身上，然后再复制几个行为树，把它们划分到进攻组里面。运行游戏，运行结果如图 8-24 和图 8-25 所示。

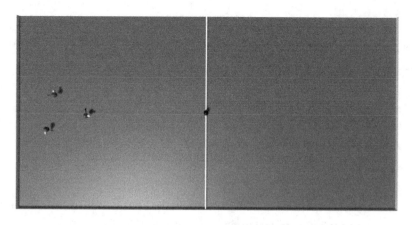

▲图 8-24　攻击 AI 的初始状态

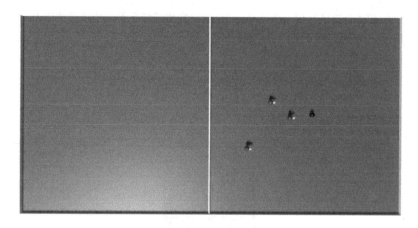

▲图 8-25　攻击 AI 的运行状态

　　根据运行结果可知，每个球员会根据自己离球距离的远近，动态分配自己的角色，以此来决定执行踢球 AI 还是跟随 AI。这里的进攻 AI 其实是群体策略，即每个人按照一定的规则（按照离球的远近）来动态分配自己的角色，执行对应的策略。

8.5　防守 AI 策略

　　防守策略的规则是在没有看到球的情况下执行原地巡逻的 AI，一旦球出现在自己的可见范围内就移动过去并执行踢球的 AI，一旦球不在自己的可见范围内就接着执行巡逻 AI。要实现这个策略，首先创建一个 CanSeeBall.cs 脚本，内容如下。

```
/// <summary>
/// 能否看到球
/// </summary>
using BehaviorDesigner.Runtime.Tasks;
using UnityEngine;

namespace FootBallGame
{
    public class CanSeeBall : Conditional
    {
        /// <summary>
        /// 球员
        /// </summary>
        private Agent Agent;
        /// <summary>
        /// 球
        /// </summary>
        private Ball Ball;

        public override void OnStart()
        {
            //获取球员的脚本
            Agent = GetComponent<Agent>();
            //获取足球的脚本
            Ball = Agent.GetBall().GetComponent<Ball>();
        }

        public override TaskStatus OnUpdate()
        {
            //如果能够看到球,就返回成功;否则,返回失败
            if (Condition.CanSeeBall(Agent.transform.position,
            Ball.transform.position))
            {
                return TaskStatus.Success;
            }
            else
```

```
                {
                    return TaskStatus.Failure;
                }
            }
        }
    }
```

CanSeeBall 脚本用来判断球员能否看见球。因为是判断逻辑，所以它需要继承自 Condition 节点。当球离自己很近的时候返回 True；否则，就返回 False。这个很近的距离可以自己设定。接下来，创建一个 KickBallDefence.cs 脚本，它的功能是实现防守阵型下的踢球行为，具体的内容如下。

```
/// <summary>
/// 防守阵型的踢球策略
/// </summary>
using BehaviorDesigner.Runtime.Tasks;
using UnityEngine;

namespace FootBallGame
{
    public class KickBallDefence : Action
    {
        /// <summary>
        /// 球员的脚本
        /// </summary>
        private Agent mAgent;
        /// <summary>
        /// 足球的脚本
        /// </summary>
        private Ball Ball;
        /// <summary>
        /// 球的位置
        /// </summary>
        private Vector3 ballLocation;
        /// <summary>
        /// 球员的位置
        /// </summary>
```

```
private Vector3 agentLocation;

public override void OnStart()
{
    //获取球员的脚本
    mAgent = GetComponent<Agent>();
    //获取足球的脚本
    Ball = mAgent.GetBall().GetComponent<Ball>();
}

public override TaskStatus OnUpdate()
{
    //获取足球的位置
    ballLocation = mAgent.GetBallLocation();
    //获取球员的位置
    agentLocation = mAgent.transform.position;
    //判断能否踢球
    if (Condition.CanKickDefence(agentLocation, ballLocation))
    {
        //离球很近,可以踢球,就给球一个力
        if (Condition.CanKickBall(agentLocation, ballLocation))
        {
            //朝向球
            mAgent.transform.LookAt(ballLocation);
            //根据自己的阵营,给球一个力
            bool bLeft = mAgent.GetTeamDirection();
            if (bLeft)
            {
                Ball.AddForce(ballLocation,Define.RightDoorPosition);
            }
            else
            {
                Ball.AddForce(ballLocation,Define.LeftDoorPosition);
            }
            //返回成功
            return TaskStatus.Success;
        }
```

```
            else
            {
                //可以踢球,但是离球较远,就向球移动,返回 Running 状态
                mAgent.SetDestination(ballLocation);
                return TaskStatus.Running;
            }
        }
        //若不能踢球，返回 Failure
        return TaskStatus.Failure;
    }
}
}
```

　　细心的读者会发现在这段代码里面，增加了一个 Fail 结果。当 Agent 看不到球的时候返回 Failure；否则，就执行踢球的 AI 逻辑（先向球移动然后踢球）。这里需要使用 8.2 节提到的巡逻 AI，当看不到球的时候执行巡逻策略。防守 AI 稍微复杂些，具体的行为树结构如图 8-26 所示。

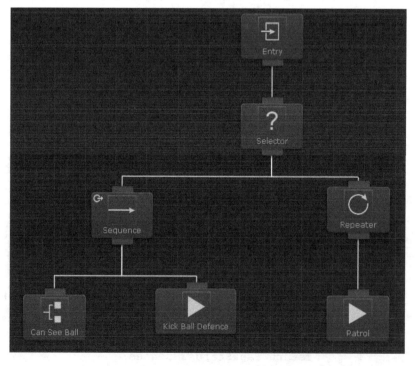

▲图 8-26　防守 AI 的行为树结构

　　因为行为树的 Entry 节点的下面是一个 Selector 节点，所以只能够选择其中一个分支来执行。Sequence 节点下面是踢球的逻辑，Repeater 节点下面是巡逻的逻辑。注意，这里的 Sequence 节点左上角有一个向右的箭头，它表示如果自身的返回结果是成功，就可以中断右边的执行流程。具体含义就是在球员看不到球的情况下，会首先执行右边的巡逻策略，一旦球员能够看到球，就立刻中断巡逻行为，执行踢球策略。把这个行为树保存之后，将其挂载到 Agent 身上。运行游戏，运行结果如图 8-27 所示。

▲图 8-27　防守 AI 的巡逻状态

　　下面做个测试，将球放到防守球员的旁边，左击图 8-28 中箭头所示的位置。可以发现离球最近的球员移动了过去并执行了踢球行为，如图 8-29 所示。

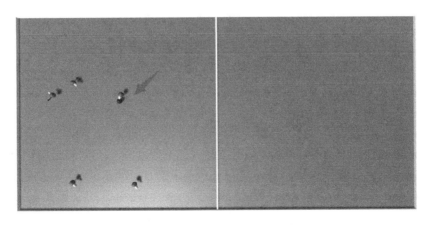

▲图 8-28　设置足球的位置

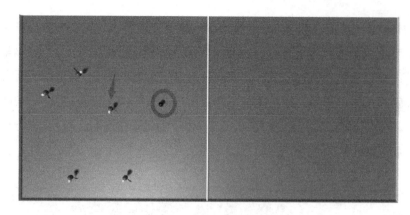

▲图 8-29　球员执行踢球行为

防守球员将球踢出去之后，它自己会重新回到自己之前巡逻的位置，接着执行巡逻 AI，如图 8-30 所示。

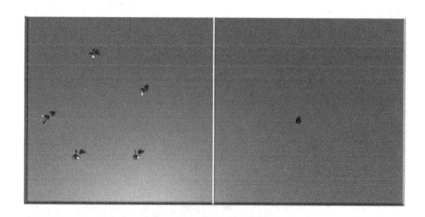

▲图 8-30　球员接着执行巡逻 AI

8.6　守门员的 AI 策略

前面介绍了进攻 AI 和防守 AI，接下来讨论球场上最重要的角色——守门员。其实守门员的 AI 和防守 AI 非常类似，不过守门员的巡逻点一般就只需要两个（即球门的两边）。为了简化球门，设置球门的两边就是整个球场的两边。只要球到达了左右两边的边界线，就算进球。判断足球是否在守门员的防守区域的代码如下所示。

```
/*
 * 判断足球是否进入了守门员的防守区域
 */
using BehaviorDesigner.Runtime.Tasks;
using UnityEngine;

namespace FootBallGame
{
    public class IsEnterGoalKeeperField : Conditional
    {
        /// <summary>
        /// 球员的脚本
        /// </summary>
        private Agent mAgent;
        /// <summary>
        /// 足球的脚本
        /// </summary>
        private Ball Ball;
        /// <summary>
        /// 足球的位置
        /// </summary>
        private Vector3 ballLocation;
        /// <summary>
        /// 球员的位置
        /// </summary>
        private Vector3 agentLocation;

        public override void OnStart ()
        {
            //获取球员的脚本
            mAgent = GetComponent<Agent> ();
            //获取足球的脚本
            Ball = mAgent.GetBall ().GetComponent<Ball> ();
        }

        public override TaskStatus OnUpdate()
        {
```

```
        //获取足球的位置
        ballLocation = mAgent.GetBallLocation ();
        //获取球员的位置
        agentLocation = mAgent.transform.position;
        //判断足球是否进入了守门员的区域,如果进入了，就返回 Success;
          否则,返回 Failure
        if (Condition.CanGoalKeeper(ballLocation))
        {
                return TaskStatus.Success;
        }
        else
        {
            return TaskStatus.Failure;
        }
    }
  }
}
```

IsEnterGoalKeeperField 脚本的功能是判断足球是否进入守门员的防守区域。因为这是条件判断，所以需要继承自条件节点。这里的坐标以球场中心为坐标原点，在球场中间向左 3/4 处或者球场中间向右 3/4 处（见图 8-31）标识的两个矩形框就是双方的防守区域。

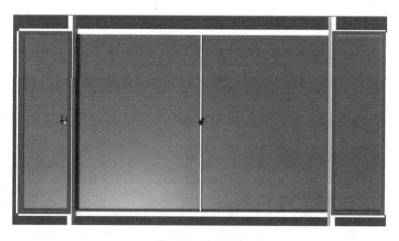

▲图 8-31　防守区域

下面添加判断代码。

```
/// <summary>
/// 判断足球是否进入了守门员的区域
/// </summary>
/// <param name="ballLocation"></param>
/// <returns></returns>
public static bool CanGoalKeeper(Vector3 ballLocation)
{
        if (Mathf.Abs(ballLocation.x) > Mathf.Abs((Define.Length/2)*(3/
4f)))
        {
            return true;
        }
        return false;
}
```

接下来，实现守门员的踢球策略。执行踢球行为的条件为，球在守门员的防守区域内。具
体代码如下。

```
/// <summary>
/// 守门员的踢球策略
/// </summary>
using BehaviorDesigner.Runtime.Tasks;
using UnityEngine;

namespace FootBallGame
{
    public class KickBallGoalKeeper : Action
    {
        /// <summary>
        /// 球员的脚本
        /// </summary>
        private Agent mAgent;
        /// <summary>
        /// 足球的脚本
        /// </summary>
        private Ball Ball;
        /// <summary>
```

```
        /// 足球的位置
        /// </summary>
        private Vector3 ballLocation;
        /// <summary>
        /// 球员的位置
        /// </summary>
        private Vector3 agentLocation;

        public override void OnStart()
        {
            //球员的脚本
            mAgent = GetComponent<Agent>();
            //足球的脚本
            Ball = mAgent.GetBall().GetComponent<Ball>();
        }

        public override TaskStatus OnUpdate()
        {
            //获取足球的位置
            ballLocation = mAgent.GetBallLocation();
            //获取球员的位置
            agentLocation = mAgent.transform.position;
            //判断足球是否进入了守门员的防守区域
            if (Condition.CanGoalKeeper(ballLocation))
            {
                //判断能否踢球
                if (Condition.CanKickBall(agentLocation, ballLocation))
                {
                    //朝向足球
                    mAgent.transform.LookAt(ballLocation);
                    //根据自己的阵营来给球一个带方向的力
                    bool bLeft = mAgent.GetTeamDirection();
                    if (bLeft)
                    {
                        Ball.AddForce(ballLocation,
                        Define.RightDoorPosition);
```

```
                        }
                        else
                        {
                            Ball.AddForce(ballLocation,Define.LeftDoorPosition);
                        }
                        //返回 Success
                        return TaskStatus.Success;
                    }
                    else
                    {
                        //离球较远,向球移动
                        mAgent.SetDestination(ballLocation);
                        return TaskStatus.Running;
                    }
                }
                //足球没有进入守门员的防守区域,返回 Failure
                return TaskStatus.Failure;
            }
        }
}
```

　　首先,判断足球是否在守门员的防守区域内。如果在防守区域内,就执行踢球的 AI;否则,就返回 Failure。守门员的巡逻策略和正常的巡逻策略没什么不同,只不过他只需要两个巡逻点。现在将球门进行简化,球门的位置即球场的两边,其他的代码都和巡逻的逻辑一样。具体表现就是守门员会在球场的两边来回移动。守门员的巡逻代码如下。

```
/*
 * 守门员的巡逻策略
 */
using BehaviorDesigner.Runtime.Tasks;
using UnityEngine;
using System.Collections.Generic;
using UnityEngine.AI;

namespace FootBallGame
{
    public class PatrolGoalKeeper : Action
```

```
    {
        /// <summary>
        /// 球员的脚本
        /// </summary>
        private Agent agent;
        /// <summary>
        /// 巡逻点集合
        /// </summary>
        private List<Vector3> PatrolPositions = new List<Vector3>();
        /// <summary>
        /// 巡逻点
        /// </summary>
        private Vector3 PatrolPos;
        /// <summary>
        /// 球员的位置
        /// </summary>
        private Vector3 agentPosition;
        /// <summary>
        /// 足球的 Transform
        /// </summary>
        private Transform ballTransform;
        /// <summary>
        /// 巡逻点的索引值
        /// </summary>
        private int range;

        public override void OnStart()
        {
            //获取 Agent 组件
            agent = GetComponent<Agent>();
            //获取足球的 Transform
            ballTransform = agent.GetBall().transform;
            //获取 Agent 自身的位置
            Vector3 InitPos = agent.transform.position;
            //设置巡逻点集合
```

```
PatrolPositions.Add(new Vector3(InitPos.x, InitPos.y,
InitPos.z + Define.Patrol_Circle));
PatrolPositions.Add(new Vector3(InitPos.x, InitPos.y,
InitPos.z - Define.Patrol_Circle));

//选取离自己最近的一个位置作为巡逻点
float distance = Mathf.Infinity;
float localDistance;
for (int i = 0; i < PatrolPositions.Count; ++i)
{
    if ((localDistance = Vector3.Magnitude(agent.transform.
    position - PatrolPositions[i])) < distance)
    {
        distance = localDistance;
        range = i;
    }
}
//设置巡逻点
PatrolPos = PatrolPositions[range];
agent.SetDestination(PatrolPos);

}

public override TaskStatus OnUpdate()
{
    //如果球员移动到了巡逻点，就设置下一个巡逻点
    agentPosition = agent.transform.position;
    if (Mathf.Abs(agentPosition.x - PatrolPos.x) < 1 &&
    Mathf.Abs(agentPosition.z - PatrolPos.z) < 1)
    {
        range = (range + 1) % PatrolPositions.Count;
        PatrolPos = PatrolPositions[range];
    }
    //使球员移动到巡逻点
    agent.SetDestination(PatrolPos);
```

```
                //使球员朝向球的位置
                agent.transform.LookAt(ballTransform);
                return TaskStatus.Running;
            }
        }
    }
```

守门员的行为树结构如图 8-32 所示。

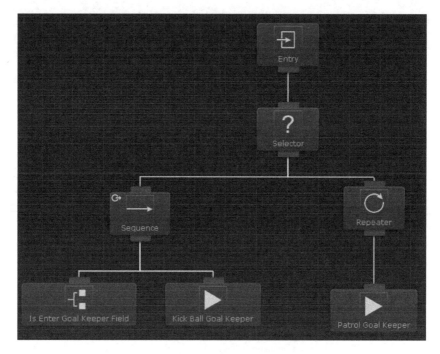

▲图 8-32　守门员的行为树结构

守门员的行为树和防守策略的行为树基本一致，不同的仅仅是内部的一些逻辑判断。感兴趣的读者可以思考一下如何统一这两个策略，使得它们更加具有复用性。其实可以考虑使用 SharedTransform 变量将巡逻点暴露出来，以供外面调用。上述代码的运行结果如图 8-33 所示。

可以看到守门员在球场的两边来回移动。接下来，将球移动到守门员的防守区域内，这个时候守门员会立刻移动过去，将球踢向对方的球门。运行结果如图 8-34 和图 8-35 所示。

▲图 8-33　守门员在球场的两边来回移动

▲图 8-34　守门员移向球

▲图 8-35　守门员将球踢出去

可以看到守门员在球离自己很近的时候会执行踢球行为。接着执行守门员的巡逻策略。至此，守门员的策略设计完毕。

8.7 组合 AI

既然球场上每个角色的 AI 都设计好了，就可以在游戏中根据球员的角色不同来执行不同的 AI，这样就组成了整个的足球策略。这里打开第 8 章的 Assets\Strategy\Team\Team.unity 场景就会看到图 8-36 所示的 11 个球员对抗 11 个球员的阵型。

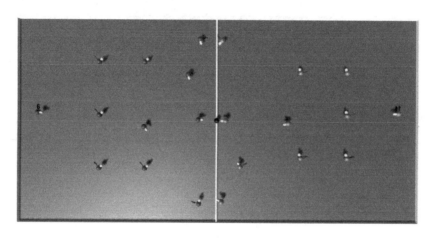

▲图 8-36　足球 AI 在初始状态下的阵型

这里为了快速展示整个流程，将左边的守门员设置为不执行防守策略。当左边的球员将球踢向右边的时候，如果防守球员没有守好，球就会踢进右边的球门。直接运行游戏如图 8-37 所示，可以看到双方球员都在争抢球。

可以看到左边的球员先抢到了球，将球踢向了右边，但是被右边的球员截住了。然后，右边的球员势如破竹地向左边发起了进攻，如图 8-38 所示。

由于左边的球员没有执行守门员策略，因此经过激烈的争夺之后右边的球员胜出，如图 8-39 所示。至此，就演示完了整个足球的组合 AI。

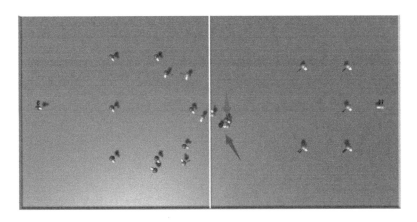

▲图 8-37　双方球员争抢足球

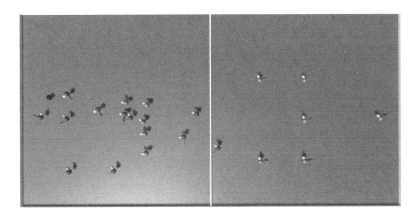

▲图 8-38　右边的球员将球踢向左边的球门

▲图 8-39　右边的球员胜利

接下来，恢复守门员的策略。整个足球 AI 中的各种组合策略如图 8-40～图 8-43 所示。

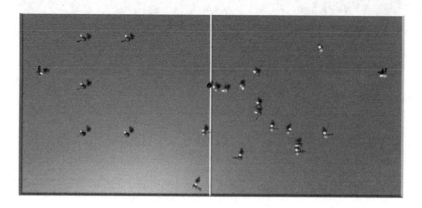

▲图 8-40 组合策略 1

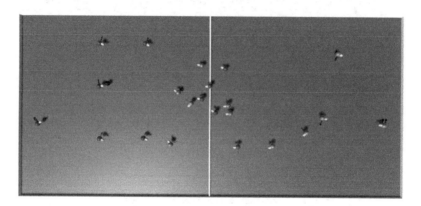

▲图 8-41 组合策略 2

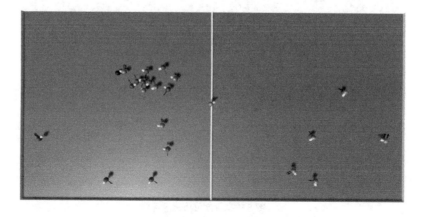

▲图 8-42 组合策略 3

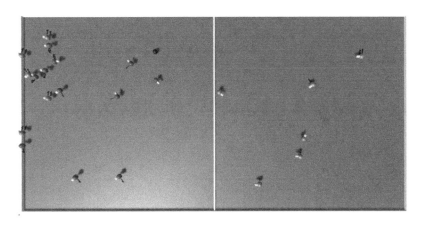

▲图 8-43　组合策略 4

如图 8-40 所示，右边的球员抢到了球之后一路向左边推进。后来被左边的防守队员提前站位拦截了下来，如图 8-41 所示。再后来右边进攻的球员带球发动总攻，如图 8-42 所示。最后右边的守门员非常顽强地将球给踢了出去，缓解了危机，如图 8-43 所示。整个过程紧张又刺激。至此，整个足球 AI 就结束了。感兴趣的读者还可以将球门的大小设置成正常值，而非整个球场的宽度，然后再尝试运行游戏。这里仅仅展示了足球 AI 的一套简单流程，要想做得更好，还可以添加更加复杂的策略。比如，设计球员之间可以相互传球，当自己周围有敌方球员的时候，将球传出等。

第9章　游戏 AI 设计的扩展技术

本章主要介绍游戏开发中一些零碎的知识点，旨在帮助读者更加方便地开发游戏 AI。除了平时在设计 AI 的时候会用到的程序设计之外，在设计游戏的非玩家控制角色的视觉、听觉、说话等方面都需要考虑一些特殊的情况。

9.1 视野

游戏中我们会给非玩家控制角色添加视觉功能，使其能够看得到周围的物体。不同的设计会给玩家不同的体验。举个例子，策划人员要求当小怪在某个范围内时，一旦有敌人靠近就发动攻击。这看起来没什么问题，但是如果敌人从旁边的一个密道过来，或者正躲在树的后面，这个时候小怪直接发动进攻，就会给玩家一种很不友好的感觉。事实上，小怪在背对着敌人的时候，它压根就没有看到敌人，所以这种可视范围是 360° 的情况会显得比较糟糕。可视范围既然不能够是 360°，那么我们加一个角度不就好了吗？比如可视范围是 45°。如果敌人在小怪的视野中就可以发动进攻；如果敌人不在视野中就不发动进攻。这样能够避免小怪在背对着玩家的情况下也发现敌人的问题。这看起来似乎没问题了。接下来，看图 9-1 所示的这种情况。

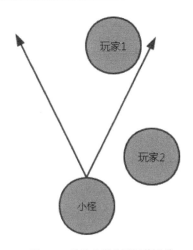

▲图 9-1 修改小怪的可视范围前

我们发现小怪在其可视范围内可以看到玩家 1，但是由于视野限制，它看不到玩家 2。这样就显得很奇怪，很明显玩家 2 离小怪更近一点。按照人类正常的思维，小怪肯定可以看得到玩家 2。但是由于可视范围的限制，它现在其实是看不到玩家 2 的。这个时候它就会追击玩家 1，而不会追击玩家 2，这样会显得很诡异。对于这种情况，之前的可视范围设计就显得不太合乎情理了。那到底该怎么办呢？其实可以设计图 9-2 所示的视野模型作为小怪的可视范围。

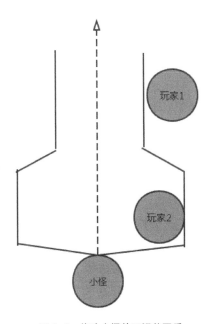

▲图 9-2 修改小怪的可视范围后

我们将之前的三角形视野改为花瓶或者大肚的茶壶。这样小怪就能够看得到离自己很近的玩家，同时离它比较远的会被挡住，这就比较符合人类的正常思维了。离小怪远的看不到也很正常，这样就解决了之前提到的视野问题。

不过，随着游戏的开发，又出现了另一种情况。如图 9-3 所示，玩家 1 现在躲在障碍物的后面，但是玩家 2 能够看到他，仅仅因为玩家 1 露出了半个头。这个时候大家肯定会觉得玩家 1 我抬头的时候被看到很正常。比如，我们玩 CF 的时候经常会使用武器"狙击枪"，等待着敌人从障碍物后面抬头的时候，对他进行狙击。可是在有些游戏中如果遇到这种情况就会显得比较糟糕。打个比方，玩家现在血量很低，他想通过偷袭取得成功，但是此时敌人的血量很高。他想偷偷地抬头看敌人到底去了哪里，以便采取下一步的行为。但是通过刚才的设计，玩家的头很容易就被暴露出来，导致他根本没有办法观察敌情。那么要怎么做才能满足这样的需求呢？方法很简单，修改一下玩家视野的检测位置，如图 9-4 所示。

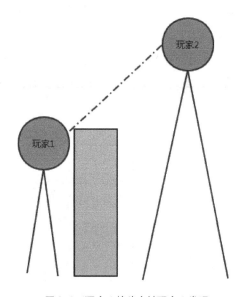

▲图 9-3　玩家 1 抬头会被玩家 2 发现

我们将两个玩家视野的检测位置，放在玩家的身体中心。如图 9-4 所示，玩家 1 的眼睛向玩家 2 的身体中心点看去，由于视线被障碍物挡住了，因此就认为玩家 2 没有看到玩家 1。这样玩家 1 就可以偷偷地抬头观察敌情了，从而满足了策划的需求。

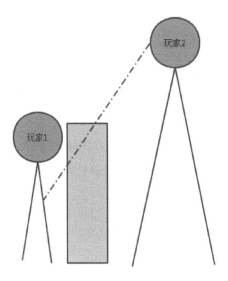

▲图9-4 玩家1抬头不会被玩家2发现

9.2 听觉

假如我们希望像蝙蝠（见图9-5）一样，设计出根据声音来感知敌人的AI。

▲图9-5 蝙蝠

我们在设计的时候就要注意这种发出声波感知敌人的情况下会有哪些不容易理解的地方。如果蝙蝠发出声波感知到了敌人，它就直接进攻。这会让玩家完全不理解为什么自己躲在某个角落或者树洞里面，也会被蝙蝠检测到。玩家不知道怎样才能够不被怪物发现，或者说不知道怎么躲避。

那么有什么更好的设计呢？首先，可以让怪物的听力受到障碍物的阻挡，以此来引导玩家利用障碍物来躲避怪物的侦查。然后，当在游戏中有一种潜行状态（即隐身）的时候，怪物就会觉察不到或者怪物的听力会变得很弱。有时候需要视觉和听觉一起调用，比如，以前玩 CF 端游的时候，有人喜欢躲在箱子或者墙壁后面，方便自己偷袭。但是熟练的玩家可以在看不到敌人的情况下根据脚步声来判断有没有人躲在墙壁后面。这样会激发玩家去发掘游戏一些潜在的玩法。

9.3　语言

游戏中的语音同样很重要，在游戏中我们会看到非玩家控制角色之间的对话。比如，当在《魔兽世界》中去执行某个任务的时候，经常需要走到某个商贩面前和他进行对话，然后再执行对应的任务，语言的交互增加了游戏的交互性和趣味性。试想一下当我们被敌人发现的时候，旁边有一些跟随的 AI（比如宠物坐骑之类的）会通过说话提醒我们，这样我们就可以快速地做出应对，从而使得游戏的交互体验很棒。

如果玩家最近新买了个皮肤，当他进入商店购买东西的时候，售货员会说："这件衣服很漂亮。"或者玩家最近升级了装备，战斗力增强了，当他进入商店的时候，售货员会说："战斗力好强的一位顾客啊！"当玩家受伤后需要购买血包的时候，售货员会说："顾客显得疲惫了，快坐下歇歇脚吧。"面对不同的顾客，售货员都可以根据玩家当前的状态说不同的话，这样会使得游戏体验更好。

再比如，现在二次元游戏中单击游戏中的人物会有对应的语音和表情出现。这种互动会让玩家感觉很亲切。这只是一些简单的语言系统中表情系统的 AI。《王者荣耀》里面的猴子有一款皮肤——至尊宝，同时露娜有一款皮肤——紫霞仙子。当这样的 CP 同时出现在游戏中的时候，如果两个人的对话有一些特殊的表现就会使得体验很棒。在一些有 CP 关联的英雄之间增加一些特殊的语音（有配合的语音）会让玩家感觉到游戏制作者的用心。

9.4 行为

《王者荣耀》里面有一个角色叫梦奇，如图 9-6 所示。它有一个特点：当自己体积很大的时候攻击和防御能力会增强，但是移动速度很缓慢；当自己变小的时候，移动速度会加快。可以认为这是一个针对不同的环境采取不同行为的策略。这样的设计会让玩家想出更多的策略玩法，增加可玩性。那么我们是否就可以设计某种类型的 AI，它们可以根据玩家血量的高低来执行不同的 AI 策略。比如，当玩家血量很少的时候，它们可以带领玩家偷偷溜走等。

▲图 9-6 梦奇

还有就是游戏中的坐骑系统。当玩家受到攻击的时候，自己的坐骑同时也会攻击敌人，或者为玩家提供一些释放技能的便捷性。比如，玩家在前进的过程中需要一边跑动一边吃金币，这个时候宠物可以将玩家前面的金币收集起来，排成一个有规律的阵型，让玩家按照某种规律去拾取。这样的体验会让玩家感觉很棒。

9.5 Unity 与 TensorFlow 的组合

TensorFlow 是谷歌开源的人工智能学习系统。Tensor 的意思是张量（即 N 维的数组），Flow 的意思是流。TensorFlow 就是将复杂的数据结构传输到人工智能学习系统中进行分析处理的系统。它在语音识别和图像识别中都有着广泛的应用。TensorFlow 在推出后，就受到了各界的广泛关注，在所有的机器学习框架中也是名列前茅。所以 Unity 也针对 TensorFlow 提供了一些支持，Unity 目前开源了 ml-agents 项目。可以从 GitHub 官网下载该项目的代码，如图 9-7 所示。

▲图 9-7　下载 ml-agents 的代码

Unity+TensorFlow 其实可以算是 Unity 针对机器学习提供的一些支持。它主要让程序开发者在 Unity 搭建的环境下编写自己的代码。将需要训练的数据导入到 TensorFlow 中，通过 TensorFlow 来训练，然后将训练的数据重新导入 Unity 里面。最后 Unity 中运行的数据都是训练之后的数据。感兴趣的读者可以从 GitHub 官网上面找到一些例子，下载下来，并单独研究一下。部分示例的截图如图 9-8 和图 9-9 所示。

▲图 9-8　3D 平衡球

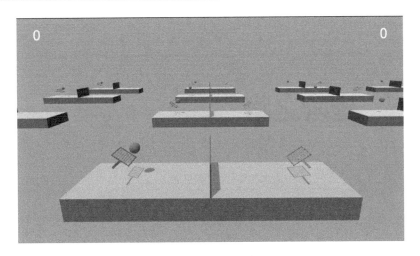

▲图 9-9　网球训练

　　图 9-8 展示了乒乓球自由落体到下面的平板，然后通过训练平板的旋转来使得乒乓球静止下来。图 9-9 展示了两边的拍子通过击打中间的球来训练拍子的反应能力。这两个案例是 Unity 官方提供的，用来演示机器学习在 Unity 中的使用。感兴趣的读者可以自行下载 Demo 了解一下。不过目前在游戏开发中机器学习使用得还不是很多，后面 Unity 可能会在机器学习方面推出新的功能。

第 10 章　进阶之路

相信通过前面短短 9 章的内容还无法涵盖游戏中遇到的各种 AI，就像本书在前面提到的授人以鱼不如授人以渔。写本书的初衷是为了让读者能够从不懂游戏 AI 到可以自己设计游戏 AI 框架、自己实现简单的游戏 AI。

10.1　游戏 AI 相关网站

游戏 AI 不局限于任何一款引擎，任何一种语言。本书提到的各种技术都可以借鉴其思路，在别的游戏引擎中实现。当然，要想实现一个体验很好的游戏 AI，还需要策划人员的配合。同时也要琢磨每种 AI 设计的弊端，当遇到问题的时候设计新的模型在保证修改量最少的情况下实现后面的扩展，以此减少自己的工作量。一款好的游戏 AI 框架可以做出一个编辑器界面，让策划人员按照需求自己去配置。程序只需要提供便捷的接口或者图形化的操作方便策划人员配置。

《Game AI Pro 1》《Game AI Pro 2》《Game AI Pro 3》这 3 本书都是游戏 AI 方面写得比较好的书籍。Unity 官方也提供了与机器学习相关的网站，读者在百度中直接搜索"Unity Machine Learning Agents"关键字就可以查看相关文章。还有一个国外的网站 OpenAI，这是由诸多硅谷大亨联合建立的人工智能非营利组织。OpenAI 里面也有很多与游戏相关的 AI 文章，前不久关于 Dota2 的人机对战的研究报告和视频就在 OpenAI 官网上，通过搜索"OpenAI Dota2"等关键字即可查看相关视频。

10.2 世界那么大

很多人都抱怨游戏 AI 方面的书籍很少。其实每个游戏 AI 从业者都是一步步走过来的。市面上的书籍向来都不可能面面俱到，不可能介绍游戏 AI 的所有细节、所有能够考虑到的东西。具体的项目需要游戏从业者根据自己的经验来设计框架，仅仅靠一本书就可以成为业内专家是不现实的。所以需要读者在业余时间多关注国外网站以及业内最新的行业动态，时刻保持自己的学习能力。学习能力才是最大的职场竞争力，会学习的人可以在短短几年内就积累了别人很多年的经验，脱颖而出。所以真心希望本书能够帮助读者打开游戏 AI 的大门，也希望每一个游戏 AI 从业者都能够设计出自己喜欢的游戏 AI，让自己的游戏能够向着 AAA 级游戏更进一步。